地球温暖化とエネルギー戦略

一本松幹雄

南雲堂

はじめに

二〇〇四年夏以降、国際石油価格が異常とも言えるような高騰を示して、五五ドル／バレルの水準に達しました。一九七〇年ごろは、二ドル／バレル以下という石油価格であったことを思うと、著しい上昇というほかはありません。

また、大気中の温室効果ガスの大半を占める二酸化炭素が増加しており、この現象が一九八〇年代以降の地球温暖化の原因になっているとの説が強く、これへの対応策として京都議定書など、地球社会をあげての取組みが注目を集めています。

筆者は一九六〇年に、社会人となって以来、エネルギー関係の組織や国際機関で勤務し、とくに、米国のニューヨークで九年間、オーストリアのウィーンで二年余りの勤務を通じて、国際的なエネルギー、環境問題について現地の専門家たちと交流し、研鑽、勉強する機会を得ました。これらの過去の経験をもとに、人類が今日、エネルギー、環境の面で曲がり角に立っているという時に、その実情を検証し、我われ人類がいかに対応すべきかを検討した結果をまとめたのが本書です。

単にエネルギー消費の節減を求めるだけでなく、当面する問題の解決のための総合的な判断を思いめぐらしたつもりですが、本書がエネルギー、環境問題を討議するために、何らかの参考になれば幸いです。

二〇〇五年四月二〇日

一本松幹雄

地球温暖化とエネルギー戦略　目次

第一章　世界のエネルギー情勢について　13

地球温暖化とエネルギー戦略

第一章
世界のエネルギー情勢について

1　エネルギー総需要の見通しと供給源の比率

〇四年十月、国際エネルギー機関（「IEA」、本部パリ）の事務局長が発表した世界のエネルギー需要の予測によれば、三〇年までに、世界のエネルギー総需要は今日の約六〇％増加すると見なしている。

この予測のベースとして、世界の一次エネルギーの需要量は、年率一・七％程度で増加するとされている。一〇年の世界全体の原油需要量は、基準となる〇二年より一七％増、三〇年は五六％増の一億二一〇〇万バレル／日と推定している。

表1－1　IEAの予想する世界の一次エネルギー供給の割合

	2000年	2030年
石油	38％	37％
石炭	26	24
天然ガス	23	28
原子力	7	5
水力	3	2
再生可能エネルギー等	2	4

（IEA発表による）

三〇年までにエネルギー需要などで最も需要が増えると考えられるのは電力と輸送の二部門で、電力消費量は今日の約二倍になると想定される。

三〇年の石油需要が著しく増大するのは中国、インド、ロシア、ブラジルの諸国で、とくに中国は三〇年には〇二年の二・四五倍も原油需要が増大する見込みである。

中国のエネルギー需要は三〇年には〇二年の二倍程度に拡大し、世界全体の約一五％を占める。なお、世界のエネルギー源の構成は三〇年になっても今日と基本的には変わらず、天然ガスの割合が増加する程度である。[1]

もとよりIEAの予測どおりに進展するとは限らないが、今日の情勢と将来予測を総合的に判断して、少

図1－1　国内のエネルギー需要・供給見通し

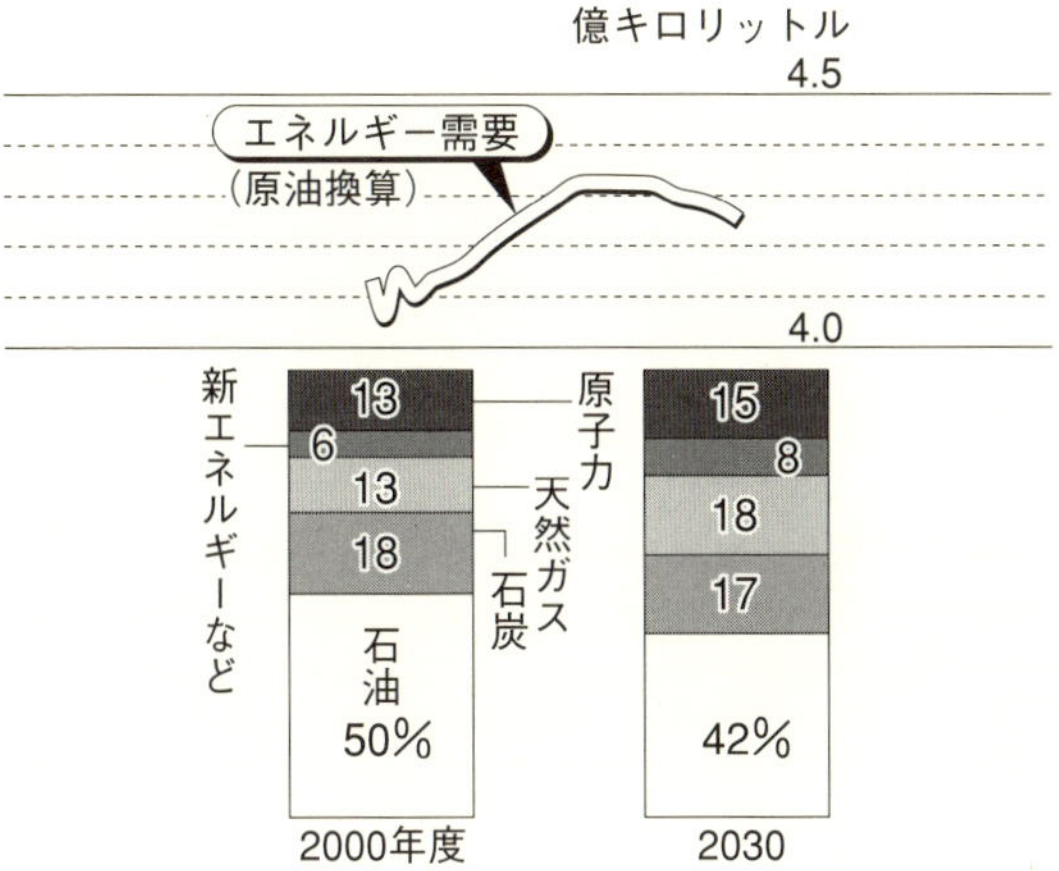

（共同通信社提供）

なくとも三〇年まではエネルギー供給において石油と天然ガスと石炭が最も重要な役割を果たすことはほぼ確実といえよう。[2]

なお、〇三年の世界のエネルギー消費について、BP（英国石油）は、対前年比二・九％増という数字を発表し、中国の旺盛なエネルギー消費の増加が主要因としているが、前述のIEAの予測が年率一・七％増とするのに比して〇三年実績は大きな伸びとなっている。[3]

2　エネルギー高価格時代の恐れ

石油価格は〇四年十月中旬にニューヨー

ク石油先物市場で五五ドル／バレルの水準に高騰し、〇五年三月に、さらに、これを上まわったほか、石炭の価格も上昇し、世界経済にとって恐怖の要因であるエネルギー高価格時代に入ったような印象を与えている。

今日の世界のエネルギー供給の中で約五割を占めるといわれる石油の価格の高騰が、エネルギー高価格時代の到来を印象づけているが、国際石油価格の高騰の背景は次のような要因によるものと考えられる。

(1) 世界的な経済回復基調による石油などエネルギー需要の増大
(2) 中国経済の急成長による石油などエネルギー需要の増大
(3) アメリカ石油生産の長期的な漸減傾向
(4) イラク石油生産の復興の遅れの見通しが強まる
(5) 中東政治情勢の悪化による不安定要素により、油田開発への資本投下がにぶる
(6) 産油国であるナイジェリア、ベネズエラ、ロシアでの政情不安や労働紛争など
(7) サウディ・アラビアにおける王政についての不安
(8) 国際テロ組織による石油施設へのテロ攻撃の恐れが高まる
(9) カリブ海、米国南部の石油関連施設がハリケーンで被害を受けたこと

〇四年以降の著しい原油相場の高騰には一時的な要因による原油高という側面もあるが、基本的にはいくつもの相当に有力な要因が存在している故の原油高と見なすことができる。

日本の資源エネルギー庁は〇四年六月、中東産油国の原油生産が中断したり、タンカーが通過するマラッカ海峡封鎖などによって、中東石油の供給が遮断される事態になった場合、原油価格は高騰し、一九七九年ごろ、イランの政変によって引き起こされた第二次石油危機でインフレを考慮して推定した現在価格に換算すると、八六ドル／バレルを超えるような石油高価格がもたらされるという想定を発表した。

それによると、「半年程度の原油の供給途絶には備蓄放出で対応できるが、中国など大消費国に備蓄制度がない場合、日本にも深刻な影響を及ぼす」と指摘している。

今日、話題になっている投機による価格高騰の例として、十七世紀のオランダのチューリップの株の暴騰、そして暴落、また、日本における一九八〇年代後半の地価及び株価の高騰とその後の暴落などがあげられる。

国際原油価格について、過去の経緯を調べると、供給力の不足を懸念して価格が高騰し、しばらくして行き過ぎという判断が強くなって価格が下降するというケースは少なくない。

今回の原油価格高騰についても、需要は増えているものの、ロシアの原油供給力は〇三年に比して〇四年は約一五〇万バレル／日増加しており、生産高がダウンに転じたとされる北海油田についても〇四年の前半には約六〇〇万バレル／日という生産を維持していた。イラクの石油生産の復興が遅れているが、サウディ・アラビアの増産などがあり、現実の需給は逼迫気味ながら、需要が供給を大きくオーバーしているわけではない。[4]

アメリカ産原油の代表的な油種であるＷＴＩ（West Texas Intermediate）は米国の産油地帯の一つ、オクラホマ州の一都市で受渡しされる軽質油種であるが、この原油の一日の取引量は七〇万～一〇〇万バレル程度とされており、ＷＴＩの先物取引量は実需の二百倍程度と憶測される現状である。今回の原油価格の高騰が投機の影響を受けた部分があることは否定できないが、基本的にはＯＰＥＣ生産余力の減少など、将来に向けての原油供給不安を反映したものといえよう。

石油のみならず、石炭の価格も二〇〇四年に入って以降、上昇を続けている。日本の石炭火力発電所で使う輸入石炭の価格が前年度比最大七割高という大幅高を示している。これは長期契約の価格で、スポット価格は、〇四年四月時点では五二ドル／トン程度で、一年前の二倍ほどの高値となっている。現在日本の国内の総発電量の約二〇パーセントは石炭火力で発電されている。

〇四年度の日本の電力会社の契約交渉ではオーストラリア産の代表品種で四〇～四五ドル／

トンで決着し、前年度の約二六・七五ドル／トンから七割程度の値上がりとなった。

背景として、オーストラリアに次いで世界第二位の石炭輸出国である中国が、自国内の石炭需要が高まって輸出枠を一五％減としたことなどによって、世界的に石炭の需給がタイトとなっていることがあげられる。

この石炭価格の高騰によって、日本国内では自家発電やＩＰＰ（独立発電事業者）などで石炭を燃料としているケースが多いだけに、これら事業者への影響が懸念されている。

さらに、原発の燃料となるウラン資源についても、今後、中国などで原発計画が拡大し、ウラン需要の高まりとともに、需給がタイトとなり値上がり傾向が予期されるだけに、エネルギー高価格が世界をおおう情勢が到来しつつある。[5]

国際石油価格の高騰の一つの原因となっているのが、アフリカ西岸で有力な産油国（生産高二〇〇万バレル／日強）のナイジェリアの内紛である。〇四年九月末、ナイジェリアの産油地帯の武装組織「デルタ人民志願軍」が政府に宣戦布告し、石油企業に操業停止を求めた。その後、停戦になったが、政府軍、自警軍、志願軍の三つどもえの戦闘で年間約千人が犠牲になっており、この状態が続けば、ロイヤル・ダッチ・シェルなど石油企業が〇八年以降に操業できるか疑問という懸念が高まっている。[6]

3　石油資源について

(1)　石油資源はどの程度利用できるか?

今日の世界のエネルギー供給の中で最も重要と考えられる石油の資源の状況について、考察したい。

〇四年央《なかば》の消費量から見て、全世界で、石油を年間で約三〇〇億バレル消費するものと見られ、日量に換算すると約八二二〇万バレルとなる。

石油の究極可採埋蔵量（すでに消費した石油を含む利用しうる全埋蔵量）については諸説があるものの、予測の中での中間的な数字として、二兆三〇〇〇億バレルとすると、〇三年末までに消費した石油は約九五〇〇億バレルで、今後、約一兆三五〇〇億バレル生産可能とみられ、その中で確度が高い埋蔵量は約一兆バレル、期待される埋蔵量が約三五〇〇億バレルと推定される。

究極可採埋蔵量の予測にはかなりのバラツキがあるが、一般的傾向として最近になるほど、究極可採埋蔵量の推定数値が増大する傾向を示している。

但し、究極埋蔵量という範囲には想定される部分も多く含まれるので、資源量としてより厳格な定義として確認埋蔵量という考え方があり、一兆バレル程度という見方が有力で、これによると、可採埋蔵量は現在の年間消費量の約三三倍となる。

石油の供給力について、大きな特徴は石油資源の探査、回収技術が著しく向上したことで、一九七〇年代初期、北海油田が発見されて間もない頃は、北海油田はそれほど大きい資源と見られていなかったのに、今日、六〇〇〇万バレル／日程度もの生産を行なっているのは、ひとえに探査、回収技術が向上したからだと判断されている。

日本として石油資源確保のため、供給源多様化が望ましく、当面、日本、ロシア、中国の共同によるシベリアの石油資源をパイプラインで送る計画、カスピ海及びその周辺の新しい石油資源の開発が注目される。長期的に見て、原油の需要は基本的に増加傾向で推移するだろうが、供給面で、拡大の期待を持たせる要因もある。

歴史的な石油大国アメリカの原油生産は横這いか、やや下降気味であろう。中国は主力の大慶、勝利油田の生産はやや減少となっているが、未開発の堆積盆地—背斜構造の地層の探査を推進すれば、中国全体として増産の可能性はある。

最も有望なのは、中東、ロシア及びカスピ海地域、西アフリカを中心とするアフリカの三地域であろう。筆者がニューヨーク勤務時代にしばしば会っていたダニエル・ヤーギン氏（ケンブリッジ・エネルギー研究所代表）はこの三つの地域で、それぞれ、今後十年間で約七〇〇万バレル／日の追加生産が可能と予測している。[7]

政情が安定さえすれば、サウディ・アラビア、イラクの両国を合わせて、今日より七〇〇万バレル／日程度の増産は可能であろう。

ロシア、カスピ海地域とアフリカについては、採掘技術の向上、とくに国際的な技術や事業方式の導入によって、原油の増産が期待できるとヤーギン氏は観測している。

◎ まだ増えつづける世界の原油確認埋蔵量

石油資源の枯渇化が懸念される中で、不思議にも、大手石油会社など、石油生産側の組織が発表する世界の「原油確認埋蔵量」は増える傾向を続けている。〇四年央のペースでは、世界は年間三〇〇億バレル程度の石油を消費しており、これは原油確認埋蔵量の平均的数値とされ、一応の目安となっている一兆バレルの三・〇％程度にあたる。従って、確認埋蔵量は推定に変更がなければ、毎年三・〇％程度減少すると見られるが、歴史的に見て、世界の「原油確認埋蔵量」は増加する傾向を続けている。[8]

例えば〇四年六月、英紙フィナンシャル・タイムズの報道によると、英石油大手、ＢＰ（ブリティッシュ・ペトローリアム）は世界の原油確認埋蔵量が〇三年に約一〇％増えて、現状の生産量から計算した採掘可能年数（Ｒ／Ｐ）は四一年になったと発表した。要するに、各国の見積りの変更、石油埋蔵量の発表についての政策的配慮の如何によって左右されていると考えられるのである。

〔世界の石油消費量〕

一九五〇年　一〇四〇万バレル／日

一九九〇年　五七五〇万　〃

一九九二年　五八八〇万　〃

〇三年　七八九二万　〃

二〇〇四年　八二二〇万　〃　（推定）

◎生産、輸送とも余剰力に乏しい――新しい石油供給不安　〇四年末の時点では、世界の石油の生産、輸送能力ともに、余裕が乏しくなって、需要に対応するのに手いっぱいの状況にあるといえる。例えばかつて一九八三年には、OPECの余剰生産能力は一五五〇万バレル／日あったし、一九九〇年のイラクがクウェートに侵攻した湾岸戦争の時も五四〇万バレル／日存在していたのに、〇三年末時点では一二五万バレル／日まで落ちこんだとA・ジャッフェ研究員（アメリカ・ライス大ベーカー研究所）は指摘している。

さらに、石油の輸送力を担う大型タンカーが不足しており、たとえ産油国が増産しても、石油を運搬する能力が不足していると指摘されている。（International Herald Tribune紙、〇四年

六月十日号）

これらの情況に加えて、タンカー、石油精製基地、パイプラインに対するテロ攻撃の不安がつきまとうようになった。九十年代と異なり、このような石油供給上の不安要素が高まり続けていることに注意しなければならない。[9]

◎著しいＯＰＥＣの生産余力の減少

〇四年八月時点で、ＯＰＥＣの生産余力はわずか一五〇万バレル／日といわれている。〇四年秋の世界の石油消費量は八二〇〇万バレル／日程度で、突然の供給停止の事態に備えるためには約三〇〇万バレル／日程度の生産余力が必要だとされている。現状はその必要な余力とされる生産能力の約半分しか備わっていないことになる。[10]原油の生産余力は〇二年夏には約六〇〇万バレル／日あったとされ、〇三年夏には約三〇〇万バレル／日あったとされている。現状は原油生産余力に乏しい状況が続いていることになる。

このような原油供給力不足の背景として、原油需要の増加とともに、イラク、ロシア、ベネズエラ、ナイジェリアでテロや政情不安、民族紛争の故の供給停止の懸念があることが指摘されている。

◎アメリカ系メジャーによる投資不足

〇四年夏の石油供給力の不足という見方の背景とし

て、アメリカ系石油メジャーの新規の油田開発投資が頭打ちとなっていることがあげられる。メジャーではいくつもの合併があり、事実上の寡占状態が顕在化している。アメリカ系石油大手企業は決算で記録的な好業績をあげているが、原油、天然ガスの生産量は増えていない。ドイツ銀行アナリストの調べでは世界の石油大手の油田開発への投資額は九九年以降二七％減った。これにより、経営体質の改善を進め、価格下落を食いとめ、利益確保を狙ったものとみられる。

投資減少の結果、油田の掘削数が減少し、〇三年に石油メジャーの掘削した油田数はここ数年では最も少なかったと伝えられる。[11]

◎ 予測は困難──複雑な要素がからむ国際石油価格の動向

〇四年十月に続き、〇五年三月の国際石油価格の動向は、史上最高値をつけるような情勢で、石油企業などを中心に世界的なエネルギー高価格、とくにその主力である石油価格の値上がりを予測する向きが多い。

たしかに、イラクの政情不安定、ロシアにおける石油公社の破綻懸念など、供給上の支障のおそれが存在する一方、中国、アジアなどで石油需要の拡大が予測される。

石油価格は長期的には一九七〇年ごろの二ドル／バレル程度といわれる低価格の時代から、今日（二〇〇五年）の五〇ドル／バレルを越えるような高価格へと推移しているが、この間かなり大きく上下動を繰り返してきた。

今後の国際石油価格についても、二〇〇五年春時点では石油高価格へと導く要素が多いので、このような価格を示しているが、例えばイラクの治安が回復してサウディ・アラビアに次いで石油埋蔵量が多いとされるイラクが五〇〇万バレル／日も生産するようになる可能性はゼロではない。また、ロシアの石油生産が拡大する可能性もあり、世界的な景気の落ち込みで石油需要が減少する可能性もある。

このように考えると、今後も、石油価格は相当の上下動を繰り返していくことは十分に考えられる。

他方、〇四年に入って、シェルが自社の有する原油埋蔵量を下方修正した動きが大きく報道され、各方面から注目されている。

(2)　石油枯渇は「狼少年」の警告か

ＢＰの調査では〇三年の世界の石油確認埋蔵量は約一〇％増加し、一兆一五〇〇億バレルとされている。最新の世界の石油消費量は大きい見積りでも、年間三〇〇億バレル程度と見なされているので、約三八年分もの確認埋蔵量があると推定されるが、この確認埋蔵量は産油国政府や石油メジャーが発表する数字であり、検証する手段に乏しい。筆者はかつてＩＡＥＡ（国

表1－2　2030年でのアメリカの石油需給の現状との比較（万バレル/日）

	2004年	2030年
総消費量	約 2000	約 3000
国内生産量	約 740	約 700～1000
必要輸入量	約 1260	約 2000～2300

際原子力機関）に勤務していたので、その時の経験に基づくと、例えばウラン資源について、世界の情況についてレポートをつくる時、加盟各国からの報告を基礎としてレポートをつくるので、ＩＡＥＡとして、調査レポートの信頼性は基本的には各国の調査の正しさに頼るしかないという情況であった。

ＯＰＥＣ加盟国の生産上限枠を決めるとき、各加盟国の確認埋蔵量が一つの要素となるのだが、各国とも生産枠の増加を望むので、確認埋蔵量を大きく報告しがちになるのである。

真に正しい石油の確認埋蔵量はナゾなのではないか。少なくとも、今日発表されている確認埋蔵量を全面的に信頼するのは危険なのではないか。

イラク、サウディ・アラビア、クウェートといった中東の有力産油地帯にはまだまだ手つかずの石油資源が多く存在していると考えられる。しかし、その他の地域では開発が比較的容易な油田、ガス田はほぼ開発しつくして、現在は生産量を増加させるというよりは維持するのに精一杯なのかもしれないと著名な石油コンサルタントのピエール・

シャマス氏は語っている。[12]
○四年六月以降、八月時点にかけての異常ともいえる原油価格の高騰は決して中国などでの石油需要の増大やテロの恐怖のみが背景にあるのではなく、また投機マネーの大きさのみが原因でなく、将来、石油の供給が需要に追いつかなくなるという不安が背景にあると見なす人もいる。

もとより中東のみならず、カスピ海周辺、東シベリア、西アフリカ、メキシコ湾など、有望とされる石油資源地域はある。しかし、近年、アメリカ、中国に見るような石油輸入量の著しい増大を考えるとき、将来の石油供給不安が単なる「狼少年」的な一時的なものではないと警戒しておいた方がよいだろう。

ＩＥＡでは三〇年の世界の石油需要量を一億二〇〇〇万バレル／日程度と見なしている。[13]
○四年の石油需要の約五割増であり、○四年秋に比して四〇〇〇万バレル／日もの増加を実現することはかなり困難と見られる。

一九五一年六月、アメリカで大きな注目を集めたエネルギー関連の調査書、パトナム・レポートではアメリカの石油生産は一九五三～五五年ごろがピークで、その後は減少すると予測していた。その頃でも、石油ピーク説はよく登場していたのである。

◎石油資源について楽観的見通し――一九七七年の国連レポート［一〇〇年は枯渇せぬ石油、天然ガス――国連の報告書］

ずいぶん昔の話になるが、一九七七年五月、国連は石油、天然ガスの資源の見通しについてレポートを発表したが、「少なくとも、今後一〇〇年間、場合によってはそれ以上の期間、供給不足になることはない」と予測している。

そのレポートで、国連は「石油と天然ガスが少なくとも今後一〇〇年以内に枯渇することはない。今後、石油と天然ガスの価格は高くなるが、次々と油田、ガス田が発見される可能性が強い」と予測している。

◎メキシコで大油田発見説

メキシコは一九七〇年代の前半ごろからその石油資源が有望視され、現在約四〇〇万バレル／日もの生産をしているが、〇四年八月末、国有メキシコ石油公社がメキシコ湾での三年に及ぶ探査の結果、約五四〇億バレルを埋蔵する新たな大油田を発見したと伝えられる。（メキシコの地元紙の報道――共同通信の配信による）この結果、メキシコの推定原油埋蔵量は約一〇二〇億バレルとなり、原油生産高も七〇〇万バレル／日と、サウディ・アラビア、ロシア、アメリカなどの石油大国に次ぐような存在になる可能性が生じてきたと見られる。[14]

(3) 強硬なアメリカの石油政策――石油の確保に必死のアメリカ

アメリカが今日のような世界きっての超大国となるにいたった大きな原因として、一八五九年、有名なキャプテン・ドレークと称する人物がペンシルバニア州で石油の採掘に成功して以来、自国内の石油資源の開発はいうに及ばず、中東など国外においても、石油資源の開発に積極的に関与してきたことがあげられる。言わば、アメリカは石油とともに栄えてきた国であり、石油の供給の確保には世界中でも最も強い関心を示してきたといえる。

今日、アメリカは二〇〇〇万バレル／日強という、世界でも突出した大量の石油消費国であるが、石油自給率は約三七％で、約一二〇〇万バレル／日以上もの大量の石油を輸入していると見られる。

歴史的に見て、アメリカの石油の自給率は低下傾向をたどっており、二〇二〇年には自給率は三〇％以下にまで低下するとの予測もなされている。

一九八〇年代の中頃、筆者がニューヨークで勤務していたころ、ニューヨークの石油関係者が世界で石油の掘削が行なわれている件数の八〇％程度はアメリカ国内で行なわれていると語っていたが、それほどアメリカの石油資源については探査が行きとどいていると言えよう。

アメリカは自らが石油の大生産国であるが、同時に、世界各地の石油資源に目を光らせて、その開発に参画してきた。アメリカ本土での石油探査から数十年遅れて、中東地域での石油開発が一九三〇年代から本格化したが、アメリカ系石油資本が、サウディ・アラビア、クウェートなど中東の各地で巨大油田を発見した。とくにアメリカとサウディ・アラビアとは永年にわたって緊密な関係を保ちつづけ、例えば一九四五年二月、ヤルタ会談からアメリカへの帰途にあったルーズベルト大統領（当時）をスエズ運河の近辺でサウディ国王が訪問し、アメリカ・サウディの協力の強化を誓った。ルーズベルトの死去の二ヵ月ほど前のことであった。

一九九〇年八月、イラク軍が隣国クウェートに侵攻したのを機にアメリカ軍はサウディに駐留したが、サウディは国防をアメリカに依存する面が強いとはいえ、イスラム教の聖地メッカ（ジェッダ近郊に所在）があるイスラム教の国に異教徒アメリカ人たちが駐留することにサウディ国内での異論が多く、〇三年四月以降、サウディからの米軍の撤退が発表された。

このような情勢下、アメリカがイラクを制圧した理由として、国際的な「悪の枢軸」の一つとして、アメリカがテロ的な国家体制と見なすフセイン政権を打倒することに目的の一つがあるにせよ、アメリカとしては、イラクをサウディに代替するような軍事及び政治的な拠点にして、アメリカの中東戦略の強化のために利用したいことに加えて、イラクの豊富な石油資源を支配することを狙ったものと推測する向きもある。[15]

日常生活でマイカーと言われる個人用自動車の使用に依存する傾向が非常に強いアメリカで

は、ガソリン価格を低く抑えることが政権の人気を保つ一つの要因である。半面、今日もなお七五〇万バレル／日程度の生産をあげるアメリカ国内の石油生産のためには、国際石油価格があまり低くなり過ぎては中東などに比して産油コストが高いアメリカ国内の石油生産が低下する恐れがある。

それ故、アメリカとしては国際石油価格が二〇～二五ドル／バレルで安定している情況が最も好都合だと憶測されている。アメリカが国際石油価格を自国の都合が良いようにコントロールするためには、より多くの産油国に対して影響力を強めねばならない。アメリカが歴史的に強い同盟関係を保ってきたサウディ・アラビアに加えて、サウディとロシアに次ぐ石油大国といわれるイラクを支配できれば、アメリカが国際石油価格への影響力を強くできると考えていると憶測する人が多い。

石油・天然ガスの威力を示すものとして、旧ソ連が共産主義体制で経済効率の点では明らかに不利な体制をとりながら、一九一七年の革命以来、一九八九年までも、その体制を継続することができたのは、旧ソ連内に豊富な石油、天然ガス資源があって、旧ソ連の衛星国圏とされた東欧に、安い石油、天然ガスを輸出できたからだと言われている。これは筆者が一九七八年から八〇年にかけて、西欧圏と東欧圏との接点と言われるウィーンで生活しているときに、周辺の東欧諸国をくまなく見学して実感したところだった。

しかし、ついにベルリンの壁の崩壊に象徴されるような、旧ソ連及び東欧圏の自由化への道が開かれたのは、一九八六年の原油価格の下落によって旧ソ連の経済が大きな打撃を受け、対外債務の支払いに支障をきたしたのが大きな原因となったのであるが、一説には、旧ソ連の体制の崩壊を狙って、アメリカとその緊密な同盟国だったサウディ・アラビアとが共謀した結果による国際石油価格の下落が、旧ソ連による東欧圏支配を崩壊させたとも言われている。

(4) 中東石油情勢について

世界の石油の豊庫、中東産油国の持つエネルギー供給上の重要性は少しもゆらぐことなく、むしろ、その重要性は高まっているとも考えられる。

最大の石油消費国アメリカの石油輸入依存率は増大傾向が続き、〇四年央で、すでに約六〇％強にものぼっていると推定される。

ロシア、北海、メキシコ、カスピ海周辺といった中東以外の有力な産油地帯も、石油資源埋蔵量や産油能力から見て中東産油地域に匹敵できるものではなさそうであり、結局は今後の石油需要の増加に対応するには、中東の石油資源に依存せざるを得ない。

中東についてはイスラエル―パレスチナの永年にわたる対立やイラク問題など、政治的な争いがあり、これが原因で中東での石油生産に支障が生じる危険性が存在している。

第二次大戦後の一九四八年、イスラエル建国以来のイスラエル―アラブの対立、宗教、民族的な争い、それに加えて世界最大の石油資源を有する地域であるという特殊性もあり、世界でも最も政治的、社会的に不安定な地域となっている。

アメリカとしては、中東を小国がひしめく混乱状態にしておいて、自らの影響力を強くしたいという方針をとっているという推論もある。今後も中東の不安定さは継続することだろう。[16]

(5) サウディ・アラビア情勢

現時点で、世界最大の石油埋蔵量を持ち、その気になれば、一五〇〇万バレル／日という、世界最大の石油生産をする力を有していると見られるのがサウディ・アラビアである。筆者は二回にわたって、ダーランに近いアブケイク油田とこれに隣接するガワール油田の一部分を視察したが、地の果てまで続く広大な砂漠地帯のあちこちに石油を採取する際に出る余剰ガスを燃やす火が見られる情景は、まさに石油王国サウディ・アラビアを象徴するかのようである。

ガワール油田は世界最大の油田として定評があり、全長約二五五km、幅約二〇kmで、ガワール油田の究極可採埋蔵量は一九八〇年代の約八三〇億バレルから上方修正され、一一五〇億バレルとされている。この油田の可採埋蔵量だけで全世界の石油消費量の約四年分をまかなうことができる。

サウディの〇四年六月の石油生産量は九五〇万バレル／日程度と見られていたが、十二月時点でもほぼ同じ程度と推定される。さらに、石油天然ガス・金属鉱物資源機構のレポートでは、サウディの石油生産能力の増強計画が推進されると、一一五〇万バレル／日程度への増産は短期間で可能と判断されている。

◎**サウディ—アメリカの同盟関係にヒビか？**　第二次世界大戦後、永年にわたって、アメリカの中東政策の中でサウディ・アラビアは同盟国としてアメリカの戦略の中で重要な役割を果たしてきた。サウディ・アラビアの石油開発はアラムコというサウディ国有ながらアメリカ系の石油開発会社が担当してきたし、サウディのホテルの宿泊客の中にアメリカのビジネスマンが非常に多いことも、両国の結びつきの強さを示しているように思う。

しかし、二〇〇一年九月十一日、世界中に大きなショックを与えたアメリカ東北部の同時多発テロの実行犯の中でサウディ・アラビア系と見られる人物が多数を占めていたことや、テロ集団にサウディ国内から支援が行なわれたという説が流布されたことなどが原因となって、アメリカ—サウディ両国間の友好関係に危機感が芽生えてきた。[17]

サウディ・アラビアの国内にも問題が存している。〇三年五月、首都リヤドで連続自爆テロが発生して三四名が死亡したが、同年十一月、またも自爆テロがおこり、十八名以上が死亡したほか、〇四年四月二十一日にもリヤドで自爆テロがおこり、四名が死亡し、一四八名が負傷したと伝えられる。

サウディ国内では、王族たちのぜいたくな生活を批判し、「イスラムからの逸脱」を防止することを主張する厳格なグループ、王族以外の国民の政治参加や女性の権利の拡大を主張する民主化グループなどの主張で政治情勢が動きかけている。[18]

国際的テロ組織のアルカイダがサウジの王家の打倒を狙ってテロ活動をおこしているとの見方もあり、高い失業率もあって若者を中心に不満がつのり、社会不安が高まっているとの見方が広がっている。

サウディ側としても、伝統的な米国最重視政策を一部修正して、ロシアとの接近をはかり、〇三年九月にはアブダラー皇太子がモスクワを訪問し、石油、天然ガスの生産を含む技術、スポーツなど広範な協力協定を結んだ。〇三年八月のサウディにおけるアメリカ軍の撤退とともに、サウディの国際関係に新しい局面が展開しようとしている。[19]

◎ **サウディ—アメリカ関係が微妙な段階に**　サウディでは厳格なイスラム思想（ワハビ派）を国民に遵守させる一方で、親米を外交の柱としてきたが、そのサウディの基本方針に変化のきざしが見えている。

石油価格は第二次大戦後のほとんどの期間で、サウディ・アラビアとアメリカとの協力によって、アメリカやその友好国にとって有利に動かされてきた。サウディにとって、アメリカの軍事力による保護が重要であったからである。

しかし、ウォーラースティン氏（エール大学シニア・リサーチ・スカラー）が指摘するように、サウディでは中東全般の反米感情の高まりを見て、従来通り対米協調路線を取りつづけることがサウディの安定にマイナスになるのではないかと考える有力者（王族たち）の数が増えてきたようである。

筆者が一九九六年にサウディなど中東地域を訪問したとき、石油、エネルギー関係者の間で、サウディの石油資源は極めて厖大であり、まだ手をつけていない有望と見られる油田がいくつも存在しているという情報が支配的であった。国際石油資本の根拠地とも言われるニューヨークの石油関係者の間でも、そのような情報が流れていた。

〇四年六月、世界的に石油需給の逼迫が懸念されているとき、サウディ・アラビアの石油生産・販売事業を統括する国営石油会社であるアラムコのジュマ社長兼最高経営責任者は「二〇〇万バレル／日の余力を常時確保するのがサウディの基本戦略だ」と述べるとともに、「サウディにある八五油田のうち、これまでに開発したのは二八だけ」、「サウディは生産能力を一二〇〇万バレル／日、場合によっては一五〇〇万バレル／日まで引き上げるシナリオがある」と語り、サウディの力によって、ＯＰＥＣ全体として、供給力に不足が生じる懸念はないことを表明した。[20]

アラムコはもともとはアメリカを主体とする石油資本が出資してサウディ・アラビアでの石油開発のために設立された企業であるが、のちにサウディの国営会社となった。しかし、アラムコとアメリカの石油企業との関係は深く、アラムコで働くアメリカ人の石油技術者は多い。アラムコ・コンパウンドと呼ばれるアラムコで働くアメリカ人技術者のための住区では、大規模な淡水化によって、砂漠の中にもかかわらず、樹木も茂り、アメリカのルイジアナ州あたりの住宅地を思わせる快適な環境がつくられている。ここでは植林が進み、芝生、プール、テニス・コートが整備され、教会や学校も建てられている。

九・一一テロ以来、アメリカとサウディ・アラビアとの関係が微妙になってきたという報道が多いものの、両国の間には、指導層の間での相互の姻戚関係や個人的に永年にわたる親密な関係もあり、このような両国間の水面下の結びつきはとても無視することはできないだろうという観測も根強い。

サウディ・アラビアは一九三二年の建国以来、初めてとなる「地方行政区評議会」委員選挙を〇五年二月に低い投票率ながらも実施した。サウディ国内では国王の絶対的権力とイスラム宗教勢力を背景とする保守的な勢力が強い一方、政治の改革、民主化を要求する革新グループの活動も最近活発になっている。今回の初選挙実施は革新グループの主張にある程度理解を示したものと考えられる。[21]

しかし、総じてサウディ・アラビアは、依然として広大な砂漠の中の遊牧民国家という印象が強く、世界の一般的な国家で見られるような「民」の力が国政に強い影響を与えるような情勢ではないので、王族たちによる国の運営は動揺しないとの観測が支配的と見られる。

(6) イラクはどうなるか

a イラク国内の治安が悪化

イラク国内で、アメリカ軍など外国軍と協調して国の復興を目指そうとするグループを結集するイラク国民会議が〇四年八月十五日、イラクの首都バグダッドで開催されたが、シーア派内でも反米色が強く、人気もあるムクタダ・サドル師のグループやスンニー派の有力組織も会議への参加を拒否した。さらにこの国民会議への出席者からも会議の開会直後に退席したり、暫定政府の活動がイラクの利益に反しているとして辞任を求める声も出て、波乱ぶくみであった上に、開会直後に会場の近くで爆発が起きたり、イラク各地でシーア派武装勢力とイラク治安部隊の衝突が報じられた。[22]

このような情勢下、〇五年一月の選挙は何とか実施できたが、その後もイラク国内の各勢力の融和が実現するかどうかを疑問視する声が高まりつつある。

イラクの政情の不安は相当に根深い原因があると見られ、単にアメリカ及びイラク暫定政府と反政府勢力との対立という構図で理解すべきではなく、もっと複雑な要素をはらんでいると見てよい。

加えて、イラクは世界第二位とも言われる石油埋蔵量を有していることが事態を複雑にしている。

イラクの産油地帯三州であるバスラ、マイサン、ディカルの評議会のメンバーたちが諮問評議会の議席や経済的配分などで暫定政府に軽視されているとして不満を高め、また、イスラム教シーア派の主流派からも見下げられているとしており、三州の発言力拡大を狙って、三州で自治区を設立する動きを示している。

三州の原油確認埋蔵量はイラク全体の八〇%を占めていると言われ、三州がもしも自治権拡大などの動きに出ると、イラク情勢に大きな不安要素が加わることとなろう。[23]

イラク東南部のバスラ、マイサン、ディカルの三つの石油産出州で各州の評議会で自治区設立の検討が始められているほか、ムサンナ、カディシャ、ワーシトの三州でも広域行政圏構想が浮上している。

このように、イラク国内では豊富な石油を産出する州とそうでない州との間の利害の対立を含めて、国内情勢に不安定な要素があることが指摘されている。[24]

b　イラク国内の武装勢力をイラン、シリアが支援か？

○四年六月のイラク国内でのアメリカ軍からイラク人たちによる暫定統治機構への権限移譲後も、反政府武装勢力によるテロ事件が頻発している背景には、イラク国民による反米感情、失業、停電など生活上の大きな不満もあるだろうが、イラクの混乱と不安定を内心では好むイラン、シリアがイラク国内の武装勢力を支援しているという説も広まっている。

イランはイスラム教シーア派の国であり、イラクでは国民の半数以上はイラン国民と同じくシーア派なので、イランはイラク国内にイスラム教シーア派の政権ができることを望んでいると見られ、現にイランはシーア派反米指導者のムクタダ・サドル師のグループを支援していると報じられている。[25]

中東の湾岸地域を訪問した者は、誰しも、あのあたりではイランが最も有力な工業国であることに気づくだろう。イランの力が強いから、アメリカは伝統的にイランの勢力の拡大を抑えるためにイラクなどを支援する政策をとってきた面もあった。

アメリカはイラク国内の治安を早く安定させて、豊富なイラクの石油資源による生産を軌道に乗せたいと欲しているが、OPEC内での有力国であるイランは、イラクの石油生産がアメリカの思い通りになることを歓迎しない。イラクの石油生産の復興が難航し、石油価格が高くなる方がイランの利益に結びつくからである。そして、イラン、シリアとも、イラクを自らの影響下におくか、少なくとも両国の影響力が及ぶ国としたいと望んでいるようだ。

このような国際政治情勢を考えるとき、イラク国内の政情の安定が非常に困難な問題だということが認識されるだろう。

C アメリカのイラク政策の疑問

イラクは確認埋蔵量の点では世界でもサウディ・アラビアに次いで、第二位の石油資源を有していると見なされている。世界の石油資源を有する地質について検証した結果では、サウディ東部からペルシャ湾、イラクにかけての地域は、世界でも最も石油が豊富な地層を含む地域と判断されている。

イラクの原油確認埋蔵量は世界の約一一%を占めている。約八〇の油田が確認されているが、本格的に開発された油田は一五に過ぎないとされている。

〇四年九月時点でのイラクの原油輸出能力は一九〇万バレル／日程度と見られるが、イラクは輸出能力の拡大を目指しており、当面、二六〇万バレル／日への増産を目標として、港湾の補修やパイプラインの安全確保に努力してきた。[26]

イラクはかつて三五〇万バレル／日程度の石油生産を行なってきたが、国連による経済制裁により二三〇万バレル／日程度に落ちこみ、さらに〇三年の米英によるイラク制圧のための戦争の影響で二〇〇万バレル／日以下に落ちこんでいた。[27]

イラクがその復興のために十分な資金を得るためには六〇〇万バレル／日程度の石油生産を行なわねばならないと憶測される一方で、現実はきびしく、〇四年四月にはイラク南部の石油積み出し港湾施設が自爆テロと見られる攻撃を受けて一時操業が不可能となったほか、五月上旬にはイラク南部で二本の石油パイプラインのうち一本が爆破され、イラクの石油輸出能力に大きなダメージを与え、イラク南部からの石油輸出量が激減したと伝えられる。

その後も石油パイプラインや輸出施設への攻撃が続き、イラクの生命線ともいうべき石油の輸出がストップする事態がおこっている。

アメリカが主力となり、イギリスほか若干の国が参加した〇三年三月二十日以降のイラクに対する軍事行動は約一ヵ月という短期間で米英側の勝利となり、イラク全土の制圧が実現したが、この軍事行動は大義名分に疑問点もあり、アメリカが力づくで強行したという印象を世界に与えた。

国連のイラク査察団の団長をつとめた元ＩＡＥＡ事務総長（元スウェーデン外相）のブリッ

クス氏は繰り返し「イラクが大量破壊兵器を製造した証拠は見つからなかった。査察活動をしているとき、アメリカ筋から、イラクが大量破壊兵器を製造していたと報告するようにとの圧力がかかった」と述べている。元ＩＡＥＡ職員である筆者はブリックス氏と何度も会っており、ブリックス氏が信頼できる有能な外交官であるとの印象を持っているので、一層、アメリカなどによるイラク制圧が強引すぎる軍事行動だとの判断に傾くものである。

d　アメリカはベトナム戦争の二の舞を避けよ！

アメリカ軍がイラクに駐留して、治安の維持に努力することには一定の意義はあろうが、半面、アメリカ軍がイラク人やアラブ人たちを取り締まることに対するイラク国民の反感が高まるマイナスもあるだろう。イラク国民にとって、フセインも嫌いだったが、アメリカ軍の駐留もイヤなのであろう。

フセイン体制が崩壊した後、イラク社会ではイスラム教の影響が強くなり、宗教組織が社会の基盤を形成しつつある情勢と伝えられる。アメリカが親米的ないし穏健な統治評議会による体制を後押しすることが、イラク国民の反米意識を高める結果を生んでいる様子であり、これは、かつてベトナム戦争のときにアメリカが南ベトナム政権支持にこだわって、結局、ベトナムから追い出された苦い経験の二の舞を演じる危険性を有している。

筆者はベトナム戦争の終結までの三年間ほど、アメリカで生活していた。いま回顧するベトナム戦争であるが、あの戦争は基本的にベトナム国民による民族独立戦争であって、その後、ベトナム全体でドイモイと呼ばれる自由主義的市場経済システムが取り入れられ、アメリカ資本もベトナムに進出していることを思うと、アメリカにとってベトナムに五〇万もの大軍を送って戦争に参加したことは、犠牲のみ多かったという感じがしてならない。

異民族を実質的に統治することは非常に困難である。やや的外れかも知れないが、かつてニューヨーク市の治安当局にとって、アフリカ系市民やプエルトリコ系市民が多いハーレム地区の治安維持が不可能に近い状態だった時期があったのだ。

〇四年夏以降、イラクの治安がさらに悪化したのは、アメリカ軍が武装勢力が強いファルージャでの掃討作戦を強化したからだと言われている。イラク人の中にも武装勢力の行き過ぎた行動を抑止しようとする勢力があったのに、アメリカ軍の強圧的な作戦で穏健派的なイラク人たちの影響力が封殺され、事態が悪い方向に向かっているとの見方もある。

治安悪化を理由に国連のスタッフも基本的には撤退しているので、国連の活動に期待できないのであるが、アメリカとしてベトナム戦争の教訓によく学ぶべき段階にあるのではないか。

(7) ロシアの石油生産

広大なシベリアの大地のあちこち、そしてカスピ海や黒海の近くやサハリンにも、ロシアと旧ソ連圏は石油資源を有しており、サウディ・アラビア、アメリカ、イラクなどとともに、世界でも指折りの石油大国といえよう。アメリカの石油生産が歴史的に見て下降傾向にあり、北海油田もピークを越えたと見られ、サウディにテロや政情不安の影がちらついてきたとき、ロシアの石油生産が重味を増す傾向が認められる。

ダニエル・ヤーギン氏(ケンブリッジ・エネルギー研究所代表)は〇三年十月、「ロシアの石油生産は過去五年間で三六%増えた。中東依存度の低下を目指すアメリカにとってもロシアの石油資源は魅力である。ロシアの世界石油市場での地位は確実に上昇している」と指摘している。[28]

また、天然ガスの重要性が高まっている昨今、ロシアは世界最大の天然ガスの生産国としても注目される。

ロシアはサウディ・アラビアに次ぐような石油の大輸出国で、約五〇〇万バレル/日もの大量の石油を輸出している。西側諸国への輸出力を強化するため、バルト海に面した、サンクトペテルブルグ近郊のプリモルスク港からの石油輸出機能を強化しつつある。ウラル、西シベリア、カスピ海方面からの石油パイプラインをこのプリモルスク港まで延長し、欧州やアメリカにも石油を輸出する体制を強化しつつあるとともに、東シベリアの石油を輸出するため、いわゆるナホトカ・ルートと大慶ルートの建設について日本及び中国と協議中である。[29]

一九九〇年代の後半、経済の破綻の危機にあったロシアが最近、経済復調のきざしを見せているのは、近年の石油・天然ガス価格の上昇によるものといえよう。

もっとも、ロシアの石油生産について楽観を許さぬ要素もあり、シベリアの大地は酷寒、交通不便などの不利な条件があり、開発しない方がロシアのために有益であるという「シベリアの呪い」という表現が示すような警告もあるほか、政争ともからんでロシアの石油最大手ユコスが経営破綻を迎えたという悪条件もある。[30]

東シベリアの石油資源についてはかなりの石油資源が確認されているものの、どの程度有望かについては明確でない面もあったが、〇四年七月、日本エネルギー経済研究所の研究者による試算が明らかにされた。それによると、東シベリアの石油資源量は少なくとも一八九億バレルで、多ければ六七二億バレルとされている。

石油の起源については有機説が有力だが、無機説もあり、決してこれを無視できない。有機起源説では、堆積盆地（石油の貯留を可能にするような構造の地層）に石油が存在すると考えられるので、東シベリアは堆積盆地ではなく、花崗岩で形成する基盤岩が盛り上がっているのであるが、現実には基盤岩の頂上部で巨大な油田が複数見つかっている。日本エネルギー経済研究所の中島敬史主任研究員は地殻深部から石油・ガスが基盤岩の断裂を通って上昇し、油田を形成する「無機起源説」にも十分な妥当性があり、堆積盆地だけに限る手法は妥当でないと指摘した。

かくして、中島研究員の推定によると、東シベリアにおける既開発油田三九の資源量は約四〇億バレルだが、無機起源説を適用して試算すると、一八九億バレルないし六七二億バレル程度が見込まれる。一八九億バレルは概算として、日本の年間石油輸入量の十年分程度に相当すると見られる。[31]

世界的に見て、今後、石油生産での中東産油国の比重がますます高まることが予測されるとき、ロシアの石油生産と輸出力は中東に対抗し得る最有力の資源の一つといえよう。

◎ロシアのエネルギー産業、国家管理へと進む　国際的な原油価格の高騰の一つの背景となっているのがロシアの大手石油企業、ユコスの解体とその後の情勢の激動である。ユコスは日本の石油消費量の約三分の一程度の約一七〇万バレル／日もの石油生産を行なっていたが、旧ソ連経済の自由化による民営化の過程で、資源の「泥棒」と一般大衆から見なされがちな側面もあった。ユコス元社長のホドルコフスキー氏がプーチン・ロシア大統領の政敵を育てるような戦略をとったためにロシア政府からにらまれたとの見方も流布しているが、税金の支払いをごまかしたとして〇三年七月以降、同社の関係者が次々と逮捕され、石油王とも呼ばれるホドルコフスキー氏も裁判にかけられた。そして、ユコスは解体され、国営のロスネフチに売却された。

これがユコス社問題の概要であるが、この問題はロシアの政治とその民主化の問題にかかわっており、当面、ロシアの石油生産への影響が懸念されている。[32]

ロシアのプーチン政権は、ロシアの石油最大手であるユコス社の解体を契機に強力な国営企業を創設する方向性を示している。プーチン政権による石油・天然ガス支配への体制づくりが進められつつある。

プーチン政権は石油、天然ガス事業を実質的に支配する方向に積極的に動いていると伝えられ、ユコスは解体後「国営クレムリン石油」とでも名付けられそうな組織に吸収され、世界最大の国営天然ガス独占企業であるガスプロムも新しい国営企業の傘下に入るとともに、〇五年三月にはガスプロムがロスネフチを吸収、統合するなど、強力な国営化への動きが見られ、プーチン大統領によるエネルギー支配が強まりそうな情勢となりつつあるが、「市場経済に逆行する」として、欧米から批判の声が上がっている。政権内にも完全な統合に反対する勢力があった模様で、石油についての独立国営企業「ユガンスクネフチガス」はそのまま別個に継続する。[33]

(8) カスピ海の石油生産

今日、新しい石油資源として注目されているのがカスピ海のテンギス油田とその近くにあるカシャガン油田である。

カシャガン油田が極めて有望と報じられたのは二〇〇〇年五月であるが、カシャガン油田の推定埋蔵量は、最低八〇億バレルから最高五〇〇億バレルと見られ、アメリカ政府当局者は三二〇億バレル程度と推定しているという。

北海油田の推定埋蔵量が一九〇億バレル程度とされているので、カシャガン油田の規模が大きいことがわかる。

テンギス油田はすでに生産を開始しているが、注目のカシャガン油田は二〇〇五年ごろに生産開始が予定されている。

カスピ海には既存のバクー油田とともに、他にも有力視される石油資源もあり、将来、カスピ海がペルシャ湾岸のような大きな石油生産基地になることが期待されている。

カスピ海と沿岸諸国に広がる油田の確認埋蔵量は約三〇〇億バレルで、〇四年の全世界の一年間の石油消費量を少し上まわる程度とされるが、なお、確認埋蔵量が増える可能性もある。

注目を集めるカスピ海原油を安全に西側諸国に輸送するため、カスピ海に面したバクーからグルジアを通り、トルコの地中海に面したジェイハンに至るBTCパイプライン（全長一七六〇キロ）の建設が進行中で、〇五年三月には完成することを目標としている。

この長大パイプラインの総工費は約二九・五億ドル（約三二四五億円）であり、ロシアは巨額な建設費を投じるこのパイプラインは採算に合わないと懐疑的であるが、原油高が続く時代となれば投資の早期回収が可能となると運営会社の筆頭株主のBP（英国石油）は見なしている。

このパイプラインの建設により、アゼルバイジャン、アルメニア、トルコなどの親米傾向が強まることが予測される。なお、このパイプラインは全域にわたり、地中に埋設されて、テロによる破壊工作を防ぐよう設計されている。[34]

◎ **カスピ海、ロシア原油の輸出のためのパイプライン構想**　今後有力と考えられているカスピ海、ロシア方面の原油を欧州方面に輸出するのをよりスムーズに行なうため、黒海とアドリア海とを結ぶパイプラインの建設計画がもち上がっている。黒海方面からボスポラス海峡を経て地中海にいたる航海はボスポラス海峡がせまく、タンカーの通行規制が強化されつつあり、パイプラインで石油を直接、ヨーロッパの需要地に輸送する計画が周辺国を中心として検討されている。最有力とされるのは黒海沿岸のコンスタンツアからイタリア東北端のトリエステに至る一二三〇キロに及ぶパイプラインであるが、より南方を結ぶパイプラインの建設案も検討されている。[35]

アゼルバイジャン共和国やグルジア、チェチェン共和国、北オセチア共和国などにまたがるカフカス地方は、バクーなどカスピ海沿岸やカスピ海の海中にある豊富な油田からトルコ、そしてトルコ南岸へとパイプラインで石油を輸送する重要な地域であるが、その地域の治安情勢が悪化しており、カスピ海地域の石油輸出国にとっての暗雲となっている。〇四年九月に、北オセチア共和国で発生した学校占拠事件が示すように、この地域では主としてイスラム過激派などによる人種問題を背景とするテロが続発しており、ロシアの原油輸出にとって大きな懸念材料となっている。

(9) 北海の石油生産

一九七〇年代の初め頃はそれほど大きな石油資源ではないと見られていた北海油田が、今日では、約六〇〇万バレル／日という石油の大生産地となり、イギリスとノルウェーの経済的地位の向上に貢献したのみならず、石油価格がＯＰＥＣの言いなりにならぬようにする結果をもたらした。

この原因として、石油の探査、掘削の技術の向上があげられている。一つの油井からこれにつながるいくつもの油井を掘って、生産量をあげていく技術の向上など、目ざましい技術的進歩がとくに中小規模の油田が多い北海油田では効果をあげてきた。

しかし、二〇〇〇年ごろから、北海油田のイギリス区域では生産量が若干の減少を示しており、北海油田の生産が最盛期を過ぎつつあるという見方も出ており、〇四年後半にその説は強まりつつある。

北海油田はすべて海中油田で、とくに冬期の自然環境はきびしいながら、政治的に安定した国々が、安定した地域で開発と生産にあたってきたという有利な条件があった。

北海油田の生産が落ちこんでいくと、ロシアやカスピ海での生産の拡大が本格化しない限り、世界の石油生産はますます中東産油国依存という傾向を強めることになる。

4　天然ガスの利用拡大と石炭の活用

天然ガスは油田において、原油生産に伴って産出するガスと、ガスだけが存するガス田から産出する場合とがある。

天然ガスは石炭、石油に比して、硫黄酸化物、窒素酸化物、二酸化炭素を排出する割合が少なく、クリーンなエネルギーという特徴があり、好ましい燃料というイメージを与えやすい。その故に、天然ガスの利用は近年増加傾向にあり、パイプラインの敷設、LNG船の建造が続いている。

天然ガス資源は、これまで石油資源ほどには開発が進展しなかったこともあって、豊富であり、より長年月にわたる利用が可能と見られるが、この利用上の難点はパイプラインによる輸送か、LNG船による輸送が必要なことである。

とくに日本の場合は中東、インドネシア、アラスカなどからパイプラインによってガスを輸送することは現段階では不可能に近いので、LNG船による輸送に頼らざるを得ない。

しかし、天然ガス資源は確認埋蔵量のR／Pは六五にも達し、世界各地に広く分布している有利な状況に加えて、今後の採取技術の改良によってはさらに可採資源量が増大すると期待されている。

近年、北アフリカからヨーロッパへの天然ガス・パイプラインの新設計画が次々と発表されており、既存のアルジェリア―チュニジア―イタリア南部へのパイプラインによる輸送を増強することが計画されている。

また、アジアにおいても、サハリンから日本への天然ガス・パイプラインの計画、ロシア―

中国間のいくつかの天然ガス・パイプラインの計画があり、パイプラインによる天然ガス輸送が活発化する見通しとなっている。

さらに、新しい技術として注目されているのが天然ガスの産地の近くで石油製品に変換して石油タンカーで輸送するという方法で、Gas to Liquidsとか、DME（ジメチルエーテル）合成技術といった技術開発が注目を集めている。

環境保護という時代の要請からも、天然ガスは石油よりも有利な面が多く、今後、天然ガスが石油に劣らぬような重要な役割を果たすエネルギーになることが考えられる。

次に石炭は化石燃料資源として最も豊富であり、アメリカ、旧ソ連、中国、オーストラリアなど主要国を含む多くの国々に埋蔵されている。コストも安く、現に、地球社会で石油に次ぐ第二のエネルギー源として利用されている。

石炭については環境上の問題、輸送コストが高くつく点で大きな難点がある。この難点を克服するための技術開発が期待されている。

5　原子力発電について

第二次大戦の終了直後に、アメリカで著名な科学者たちを相手に、原子力を平和目的に利用し得るか否かアンケート調査を行なった結果、平和利用をなし得るという予測と、平和利用は困難だろうという予測とが半々ぐらいであった。

五十五年以上の年月が経過した今日、原子力平和利用はかなりの程度まで成功し、石油消費の節減に貢献したが、当時の著名な科学者たちが予測したように、困難な側面が少なくなかったし、今後もその傾向は続くように考えられる。

原子力発電のパブリック・アクセプタンスについては、日本ではかなり改善されていると見られる。近年、日本各地で原発を誘致しようという動きが見られている。原発の運転状況を示す稼働率、負荷率はほぼ満足すべき高い数字を維持している。

また、コストについても、使用済燃料処理と廃炉について不確定な要素はあるが、現段階では他の有力な発電方式に遜色のないレベルである。

日本の場合、温室効果ガス排出の削減を目指す京都議定書の目標実現のために、原発は必要不可欠の存在と考えられ、二〇年には現状より九〜十二基の増設が必要と日本の経済産業省は見なしているが、その実現は困難視されている。

この最大の原因は、電力業界に導入された自由化、競争原理のために、既存の電力会社が設備投資を縮小する傾向が強く、初期投資が大きく、投資の回収期間が長い原発の建設に、かつてほど積極的でなくなったからである。

このような状況下で、日本の電力政策については発電コストを引き下げるために自由化をして、競争する体制を推進するか、京都議定書の約束を守るために、原発については別ワクとして、何らかの優遇措置を講じて増設をはかるか、この二者間の調整をとる必要にせまられている。

なお、世界的に見ると、欧州を中心に効率よりも安全、現状維持を望むムードがあり、これが原発の推進をさまたげているものと理解される。しかし、地球温暖化問題の論議を契機に、原発を見直す動きも見られている。（これらの点について、次章以下で検討を続けたい）

6　潜在的な石油資源について

(1)　超重質油の利用は可能か?

石油危機説が高まり、将来の石油供給に不安が生じているとき、石油に性状がよく似ているが、これまではほとんど利用されなかった「重質油」と呼ばれる資源が注目されている。〇四年八月、中部電力は「超重質油」を石油と同等の実用燃料に変える技術を開発し、〇八年にも海外で商業生産を始めると発表した。

重質油はタール・サンド或いはオイル・サンドとも呼ばれ、世界的にはベネズエラのオリノコ川流域、カナダのアルバータ州アサバスカ地方、アメリカのユタ州などに存在している。タール・サンドはカナダの原住民から燃える砂と呼ばれていたもので、石油分を含んだ砂であり、温めると、黒く、ねばっこいアスファルト状の油状の物質になる。

筆者は一九七〇年代の前半、ニューヨークで勤務していた頃このタール・サンドやオイル・シェール(頁岩油)について調査したことがある。タール・サンドについては第一次石油ショックの時にも、有望な資源として若干、注目されたことがある。その当時、カナダのアルバータ州ではグレート・カナディアン・オイル・サンド社が四・六万バレル／日程度の生産を行なっていた。技術的には露天掘りでタール・サンドを精油所に運び、蒸気と遠心力を使って砂から石油分を分離するのであるが、高粘度、硫黄分を含むなどの難点があり、また、環境対策上の原状復帰も問題とされた。そして、コストが高すぎると考えられていた。

(2) 潜在的な石油資源として大きな存在――オイル・シェール

タール・サンド同様、オイル・シェールも巨大な石油包蔵量を持つが、本格的な実用化については永年にわたって将来の課題とされたままの状態だといってよい。

オイル・シェールは中国の東北部にも賦存され、旧満州当時、日本が開発を試みたことがあるが、今日、最も有力なオイル・シェールの資源はアメリカのコロラド、ユタ、ワイオミング三州にまたがる地域に賦存されているもので、筆者はニューヨーク勤務のとき一九七四年にコロラド州デンバーのオイル・シェール開発のコンサルタント会社を訪ねて、オイル・シェールについての詳細の資料を見せてもらって、検討したことがある。

この地域のオイル・シェール資源は石油換算で一・八兆バレル～二・五兆バレルと推定され、究極石油埋蔵量にも匹敵するような、厖大な資源である。

オイル・シェールは外見は石または岩と変わらないもので、その中に石油分が含まれている。

図1－2　オイル・シェール回収法（地上処理法）

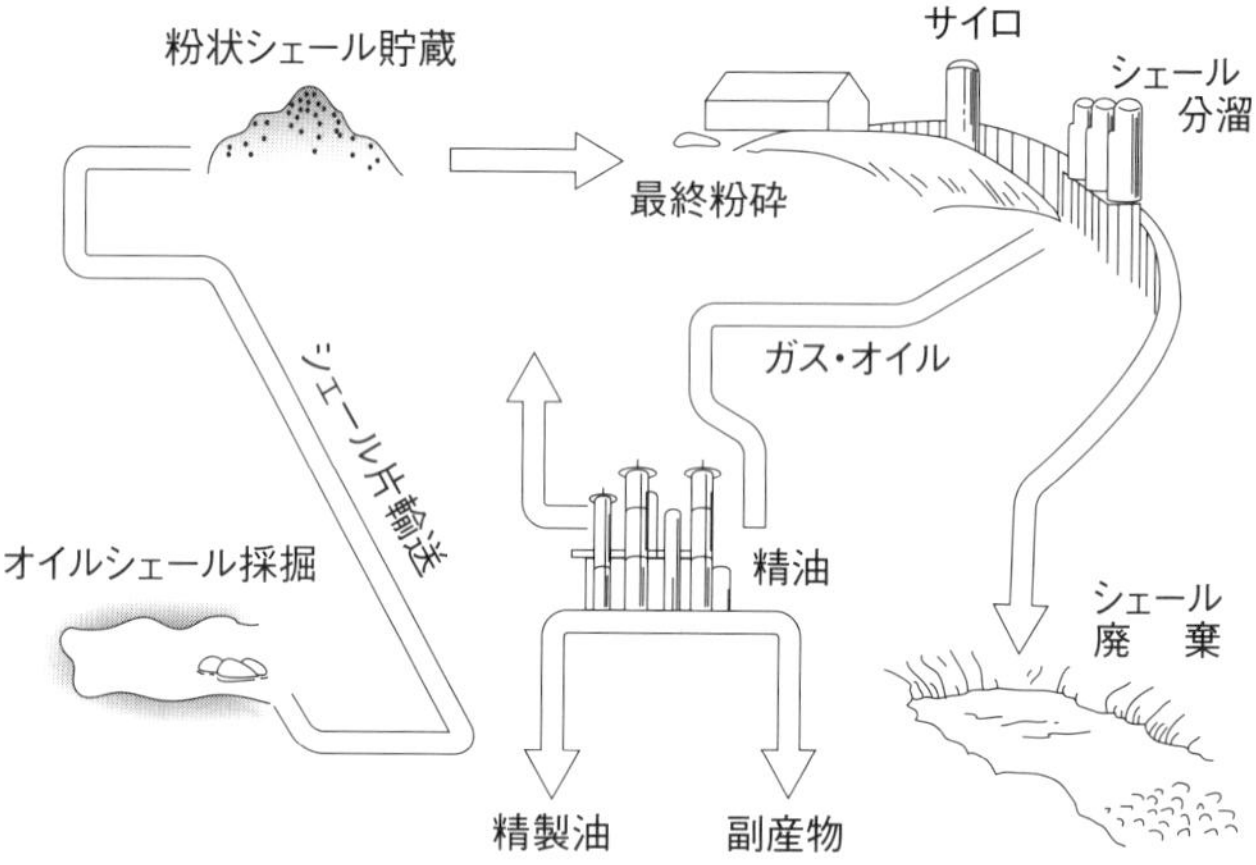

オイル・シェールからの石油分の抽出については技術上及び環境問題ゆえの支障があるが、コストさえかければ石油分の抽出は可能であり、問題は事業として、コスト的に成り立つかどうかという点にある。筆者は一九七四年に、かなりくわしくオイル・シェールの技術上の問題を研究・調査したが、ここではオイル・シェールからの石油分抽出の二つの手法を図解し、簡単な説明を加える程度としておきたい。

コロラド、ユタ、ワイオミング三州にわたるグリーン・リバー地域に、石油換算で確認埋蔵量だけでも一兆八〇〇〇億バレル、推定分を含めると二兆五〇〇〇億バレルのオイル・シェールが開発を待って眠っている。

中東地域の石油埋蔵量は八〇〇〇億～一兆

バレル程度とされているので、グリーン・リバーのオイル・シェールに含まれている石油分は、中東の二倍以上ということになる。

難点の多い採油方式

オイル・シェールからの採油方法には、シェールを採掘し工場に運んで乾留する方法と、現場で乾留する地下式抽出法との二通りがあるが、前者は使用済みシェールの処理と採掘地点の原状復帰に大量の水が必要なことと、石炭の露天掘りと同じような環境破壊の問題があるという難点がある。

後者は厚いシェール層の内部で爆発をおこしてシェールを破砕し、適当な空気量のもとで不完全燃焼をおこして石油分を抽出する方法で、水をそれほど必要とせず、シェールを採掘する手間も省ける。環境問題上も好ましいが、果たしてコスト的に成立するであろうか。

地上処理法と地下乾留法との二通りの方法がある中で、これまで、すべての工場建設計画は地上処理法によっている。地上処理法について、多年オイル・シェールの開発に取り組んでいるデンヴァー市のコンサルタント、ハッチンズ氏は、

「地上処理法については、技術的に困難というよりも、金がかかるという点にウェートがあり、人間を月へ送るときとは比較にならないほど技術的には単純な問題だと考える。」

と述懐していた。

地上処理法にまつわる四つの難点

かなりの研究・実験を積んでいる地上処理法であるが、主として環境問題上の制約に基づく四つの難点をかかえている。

①水処理の問題

地上処理法では、大量に使われた水がそれぞれの過程で塩分、有機質などを含んで、これによって、周辺の水質エコロジーに悪影響を与えないかと懸念されている。

従って、何らかの水処理施設の建設が要請されるであろうが、これには多額の資金を必要とすると考えられている。

②排気上の悪影響の問題

シェールを採掘するとき、粉砕するとき、分溜するとき、さらに使用済みシェールの処理のときなどに、ごみ、硫黄酸化物などが発生し、周辺の大気に悪影響を及ぼすことが警戒されている。

従って、地元では厳格な大気規制を行なう方針であり、とくに、硫黄分排出についてきびしい基準を採用すると考えられている。これらの規制を遵守することは可能であるが、オイル・

シェール生産の経済性にかなりな重荷になると懸念されている。

③使用済みシェールの処理

州当局がシェール採掘後の原状復帰を義務づけているので、使用済みシェールを発掘した地点に戻すことになるが、すでに粉砕されているので、原状よりかさが大きくなり、元の所に収容できない部分ができると予測されている。

オイル・シェールの生産を拡大する上で、問題になる一つの重要なポイントがシェールの処理にあることはいうまでもない。条件の良いシェールでも、日産五万バレルを達成するためには、年間二七〇〇万～三〇〇〇万トンのシェールを必要とする。また、日産一〇〇万バレル実現のためには、年間五億三八〇〇万～五億九八〇〇万トンのシェールを必要とすると見積られている。

④社会的悪条件

グリーン・リバー地域は人口が極めて少ないので、労働力は他の地域から移入しなければならないが、これを地元の一般市民は歓迎していないと伝えられる。

期待集める新しい採油方法

シェールの地上処理方式では、採掘、使用済みシェールの処理、原状復帰という難問があり、

図1-3　地下式抽出方式（オクシデンタル・オイル社）

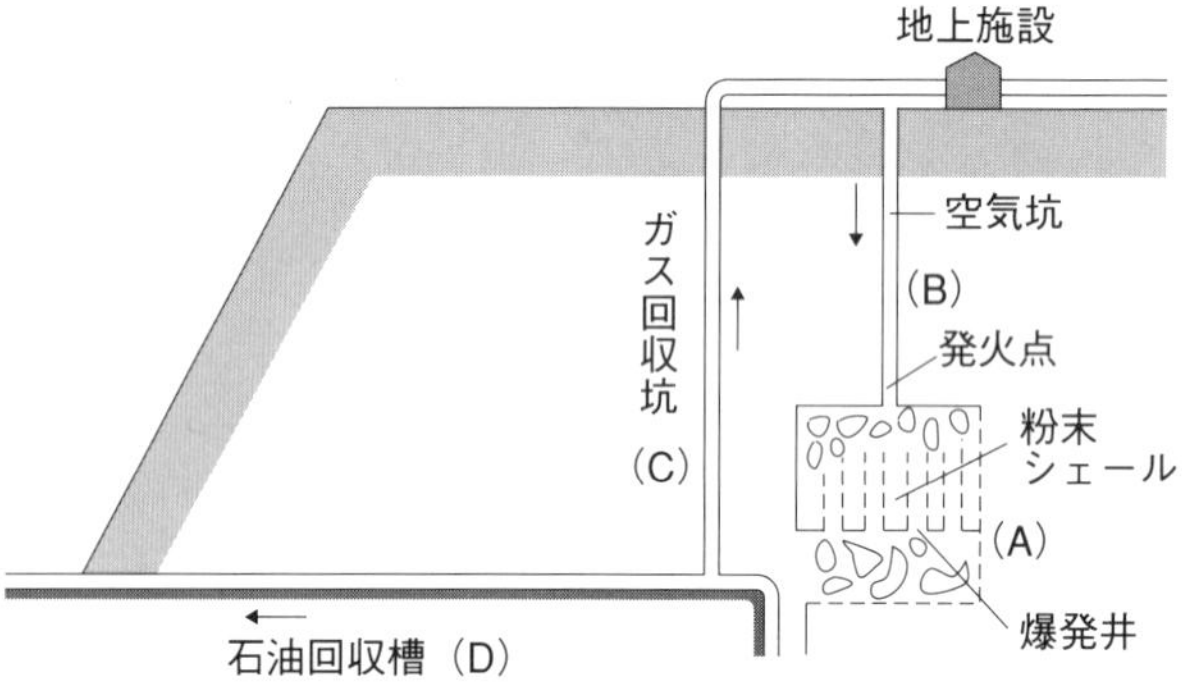

シェールを取り出すことなしに地下で爆発をおこすことによって石油分を抽出する方法やガス化する方法に期待が寄せられている。

①オクシデンタル・オイル社の方式

地上抽出法（In situ retorting）については、かなり前から検討されてきたが、ここではオクシデンタル・オイル社とその関係会社ガレット社が考案し、連邦鉱山局の特許権を得ている方式を紹介したい。

小室（A）と地表との間に竪坑（B）が掘削されるとともに、ガス回収坑（C）、石油回収水溜（D）も掘削される。小室（A）内で小爆発をおこすことで、その中のオイル・シェールはこなごなにされる。竪坑（B）を経てガスが（A）に送られ（A）の入口附近で点火される。（A）内のオイル・シェールは高温となり、じわじわと石油が抽出し、石油回収水層（D）を経て、ポンプによって外部に送られ、回収される。

一般に地下式抽出法の難点として、

(a) シェール層に浸透性がなく、石油分の回収が容易でないこと

(b) シェール層の性状にバラつきがあること

(c) 分溜がうまくいくか不確定であること

(d) 爆発による火災の恐れがあること

などがあげられている。

② シェール層内での核爆発利用

地下式抽出法を推進する一手段として、シェール層内で核爆発をおこし、それによる高温を利用しようとする計画がある。ブリンコ計画と呼ばれ、一九七三年にレイAEC委員長(当時)が実験を進めることを確約していた。

③ オイル・シェールのガス化

オイル・シェールについてのこれまでの主な研究努力は石油精製に向けられてきたが、一方、HIGH‐BTUガス化も可能ではないかと考えられている。

地下処理法でシェールを回収し、サイロで分溜してオイル・ガスをつくり、精油段階で副産物としてガスを得ることもできるが、ここでとりあげるガス化は地上で粉砕されたシェール片

から直接ガスを生産させようとする試みである。

オイル・シェールは言わば鉱山のようなもので、石油分を取り出すのに要するエネルギーの方が、取り出して利用し得るエネルギーよりも大きいという批判もある。

しかし、オイル・シェールは過去に、世界各地で小規模ながら、石油を生産する試みが行なわれてきた。古くはイギリスで行なわれ、また、中国東北部（旧満州）で、一九四二（昭和一七）年に日本企業によって二十五万トン（約一八三万バレル）生産された実績がある。

オイル・シェールを完全に資源としては役に立たないと見なしてしまうことはできないと思われる。しかし、石油分の回収に高いコストがかかるケースが多いことは事実のようである。

7　エネルギー危機の大きな要因——中国の経済成長

世界的なエネルギー不足やエネルギー価格の高騰の大きな要因となっているのが、中国の急激な経済成長とそれに伴う中国内でのエネルギー需要の急激な増加である。中国はかつての共産主義体制から転換して、共産党政権という原則は変えないが、自由主義的経済システムを取り入れ、〇四年上半期の経済成長率が十％程度という高い経済成長を示しており、石油消費も年十五％程度の増加ペースを続けている。〇〇年ごろに、中国の石油消費量が日本に追いついたと推定され、〇四年秋の時点では中国の石油消費量は六五〇万バレル／日程度と推定される。

二〇〇〇年の中国の石油生産量は三二五万バレル／日、石油輸入量は一三〇万バレル／日程度であったが、〇四年当初の時点では生産量は三四〇万バレル／日、輸入量は二二〇万バレル／日程度という推定数字もあった。〇四年末での推定では中国の石油輸入量は二七〇万バレル／日程度とされている。まさに著しい石油消費量の増加である。中国の主力油田での生産が減少傾向と伝えられるので、今後も中国の石油輸入量が増大することは確実であろう。

中国の石油生産は一九九〇年代はゆるやかな増加傾向で、ほぼ三三〇万バレル／日程度となったが、主力の大慶油田、勝利油田がやや減産傾向にあり、全体として頭打ち傾向にある。そして、期待される西部地域のタクラマカン砂漠、ゴビ砂漠などの大砂漠地帯で巨大油田が発見されていない。

しかし、中国は全国土にわたって、いたる所に原油の生産の可能性を持つ堆積盆地という地層が存在しており、この点はアメリカに似ている。アメリカに比して、石油探査の歴史がはるかに浅い中国なので、アメリカのような石油大国になり得る可能性は持っているが、アメリカのように石油開発に必要な知識、技術、資金力が十分にある状態とは言えないので、今後の石油開発が成果をあげるか否かは不明確といえよう。

中国の石油生産量は当面は頭打ちであっても、その潜在的な石油埋蔵量は大きく、今後二〇二〇年ごろまでに、四〇〇万バレル／日程度の生産量のピークを記録し、その後、ゆっくりと減少していくのではないかとの観測をする専門家もいる。[36]

中国経済について〇四年八月、沈才彬氏（三井物産戦略研究所中国経済センター長）は電気新聞が主催する時事フォーラムで「経済成長率の高い伸びとデフレ局面の収束から、中国経済は新しい拡張期に入り、GDPを拡大する」と予測し、消費も拡大しつつあると説明し、中国経済の力強さの源泉は安い人件費と豊富な労働力という見方は表層的で、「深層底流には競争メカニズムの浸透、産官学幹部の若返り、欧米留学を経験した層の台頭、産学連携の進展がある」と主張した。

中国は自らのエネルギー供給力の確保のため、中東産油国、ロシアなどに対して積極的な資源外交を展開しており、日本と競合するフェーズが生じつつある。[37]

高度経済成長を続けている中国であるが、一三億といわれる人口をかかえ、貧富の差が拡大することによる不満が高まっていると伝えられる。〇四年十月一八日に重慶で市民どうしのトラブルが原因となって、一説には五万人規模の暴動が発生したと報じられている。党・政府官僚の汚職というイメージが国民の間に浸透していることが背景にあり、中国の政情が潜在的な危険をはらんでいるとの見方もある。[38]

◎**中国の原油消費量、増大の一途**　中国の原油需要増大の背景として、評論家の内橋克人氏は①高度経済成長　②労賃が安いことを背景とする加工型産業が多く、燃料、電力の消費が多い　③自動車の激増によるモータリゼーションの進展　④電力需要の増大　をあげている。

中国の工業化の結果、〇四年からは農作物の貿易面で赤字国に転落する。石油の四〇％以上を輸入に依存し、輸入割合が今後も増加する見通しなので、中国は積極的な資源外交を展開するとともに、自国領域内の海底資源開発を推進している。オマーン、イラン、サウディ・アラビアをはじめ産油国との関係強化を目指す外交を展開し、ロシアのユコス社の買収に関心を示したこともあった。

世界のエネルギー消費の増加分の中で、中国の増加分が占める割合は一九八〇～二〇〇〇年は約三分の一であったが、二〇〇〇～二〇二〇年については、約半分にも達するだろうと日本エネルギー経済研究所による資料は指摘している。

中国は二〇二〇年に国内総生産（ＧＤＰ）を四倍にする目標を立てているが、同年の石油消費量は少なくとも現在の三倍強と推定されている。[39]

世界の石油需給の逼迫に中国ファクターが加わることは確実であろう。

◎中国が資源外交を活発化　すでに、〇四年初めの時点でアメリカに次ぐ第二位の石油消費国となっていると見られる中国であるが、今後もエネルギー消費が増大する見込みであり、中国政府はエネルギー確保に向けて資源外交を活発化している。

〇四年六月、中国が主催した青島でのアジア諸国と中東産油国を含む二十二ヶ国が参加した「アジア協力対話」では「青島イニシアティヴ」として①エネルギー資源探査　②石油・天然ガスの輸送・備蓄施設の建設　③クリーン・エネルギー開発　④エネルギー協力に関する地域フォーラム創設などの協力強化が行動の目標として採択された。中国が議長国として推進したものである。[40]

中国はクウェート、サウディ・アラビアやアラブ首長国連邦などペルシャ湾岸のアラブ産油国で構成する地域経済機構と経済協力協定を結んだほか、ＢＰ（英国石油）ともエネルギー資源開発を共同で行なう協力協定を結ぶ方向で調整している。

なお、〇五年四月時点で、中国の人民元の切り上げ問題がいぜんとして論議されているが、もし人民元が切り上げられれば、中国国内において石油、石炭などエネルギー資源の輸入が有利になることが予想され、それだけ輸入は増加し、国内での生産は減少する。エネルギー需要が増大しつつある中国なので、輸入の増加傾向は世界の産油、天然ガスなどの市場に値上がり傾向としての影響を与えることとなろう。[41]

◎**深刻な電力不足を迎えている中国**　第二次大戦終結の直後、一九四五年から五一年ごろにかけて、日本は深刻な電力不足に悩まされたことは、その頃、少年だった筆者たちが明瞭に記憶するところだが、〇四年の今日、中国が電力不足に悩み、解消の見通しはたっていないと伝えられる。

〇四年上半期、中国の経済成長率は九・七％と報じられ、経済成長率と関係が深い電力消費量は前年同期比十六・一％増という高い伸びであった。

中国当局の予測によると、〇四年夏ピークでの不足電力量は約三〇〇〇万kwに達するとされ、これは日本の関西電力の夏ピークより、やや少ない程度の電力容量である。これまで、中国政府の電力担当の官庁は〇六年に需給が均衡し得るとの見通しを発表していたが、最近、このような見通しを変更した。

今後、数年間、中国の電力消費量の伸びは年間十二％程度と推計され、電力不足は長引きそうな状況である。

中国の電力消費量は九九年ごろから急速に増大のペースを早めて、〇二年には電力消費の対前年増加率は九・七％程度とされたが、今後も年率十％程度の増加率を示すものと見られている。

中国の電源構成は〇三年末時点で火力七四・四%、水力二四・〇%、原子力一・六%であるが、中国は原発の増強に力を入れて、〇四年春では五つの原発で計九基が運開中であり、建設中の二基を含めると原発の発電容量は九一三万kwとなる。[42]

いま、中国では一〇〇〇基の原発をつくろうという原子力ブームがおこっている。電力需給面から見て、中国では二〇五〇年には一〇〇万kw級の原発二〇〇基の稼動が必要とMIT（マサチューセッツ工科大）の原子力に関するレポートは指摘している。[43]

なお、中国の〇三年末の発電設備容量は約三億八五〇〇万kwであるが、〇四年夏時点で四億kw程度と推測され、日本の発電設備（約二・六八億kw―自家発を含む―）を抜き、アメリカに次ぐ世界第二の発電規模となっている。

なお、中国の三峡水力発電所は総出力一八二〇万kwという巨大な水力発電所であるが、長江上流の金沙江で、三峡工程開発総公司と雲南省政府の共同実施により、金沙江上流の四ヵ所に水力発電所を建設し、その発電総容量は三八五〇万kwに達すると伝えられる。この建設は〇五年からスタートするとのことである。[44]

注

1 日経新聞（04・10・27）

2 日刊工業新聞（04・8・19）

3 電気新聞（04・7・9）

4　産経新聞（04・8・23）
5　電気新聞（04・6・10）
電気新聞（04・6・24）
6　産経新聞（04・9・29）
毎日新聞（04・10・14）
7　日経新聞（04・10・18）
8　産経新聞（04・6・17）
9　電気新聞（04・6　鈴木達治
郎氏による）
10　日経新聞（04・8・16）
11　日経新聞（04・8・14）
12　選択（04・8）
13　経産省資料
14　読売新聞（04・10・9）
15　朝日新聞（03・3・30）
16　中日新聞（04・9・7）
17　福井新聞（03・5・14）
18　福井新聞（04・1・15）
中日新聞（03・10・27）
19　電気新聞（04・9・8）
20　日経新聞（04・6・22）
21　読売新聞（04・8・6）
読売新聞（04・9・11）
22　中日新聞（04・8・18）
23　中日新聞（04・10・1）
24　中日新聞（04・10・6）
25　毎日新聞（04・8・8）
26　日経新聞（03・9・25）
27　福井新聞（03・11・13）
28　日経新聞（03・10）
29　産経新聞（04・4・23）
30　中日新聞（04・6・28　木村
汎氏の意見）
31　電気新聞（04・7・14）
32　県民福井新聞　04・8・20）
33　産経新聞（04・8・17）
34　福井新聞（04・9・24）
35　毎日新聞（04・8）
36　「中国の石油と天然ガス」P二
〇二（神原達著）
37　電気新聞（04・8・13）
38　産経新聞（04・10・22）
39　日経新聞（04・10・5）
40　日経新聞（04・6・3）
41　毎日新聞（04・6・23）
42　読売新聞（04・6・29）
43　WIRED Magazine　九月号
44　電気新聞（04・9・9）

第二章　日本のエネルギー問題

1　無資源国だが、「経済大国」を維持すべき日本

日本は無資源国であるが、世界で二、三位を争うほどの経済大国である。

筆者がかつて生活したオーストリアのように、美しい山と湖とワルツの国として、観光資源にも恵まれ、小さいながらも美しく、住みやすい国として満足するという国情ではなく、日本は今のところ、経済大国を目指すことを多くの国民が望んでおり、かつ、その方向性が最も適しているような国情の国である。

また、アメリカ合衆国は広大な国土と資源に恵まれ、世界一の軍事大国であるとともに、農

業大国でもある。同時に、多民族国家で、外国からの移入者も多く、貧富の差もかなり目立つ国情であるが、世界中から優秀な人材を集めて、世界でもトップ級の技術力を持つことを目指している国でもある。

日本は資源は極めて乏しく、単一民族で国民の間の不平等を嫌い、かつ、世界で二、三位を争うほどの経済大国を維持しようとするのだから、世界でもトップを争うような技術力をみがくこと以外に道はない。

筆者が一九七〇年代にアメリカで生活していたころ、自動車大国で、ヘンリー・フォード以来の古い自動車製造の歴史を持つアメリカにおいて、日本製の自動車は断然トラブルや故障が少ないといって、アメリカ人たちの間で高い人気を博して、日本車は極めて好調な売れ行きを示したが、このように高い技術力を実証することのみが日本が生きる道だと信じる。

大昔のことになるが、無資源国スイスはその地理的特性を生かして水力発電を積極的に開発して、安い電気を得ることにある程度は成功し、工業に利用することができた。

日本が手がけるべきエネルギー関連技術としては、原子力工学、環境保護技術、省エネルギー技術、温暖化対策、水素エネルギー関連技術、バイオマス技術、海水ウラン回収技術、太陽光関連技術など、多岐、多分野にわたっている。

日本が第二次大戦直後の焼け野原の状態から、今日のような世界でも指折りの経済大国に発展できたのは、その技術力の故だったことは明らかであり、日本の将来も、この点にあるといえよう。

◎ **増えつづける要素もある日本のエネルギー需要**　日本のエネルギー需要は、将来の人口の減少を考慮すると二〇二一年にピークに達し、その後は低減していくという説もあるが、現状を分析してみると、当面は増加していく要素も少なくない。身近な例をあげていくと、日本人たちのモータリゼーション傾向はなおも続いて、一世帯当りの自動車保有台数は一九九〇年に比して今日（二〇〇四年）では約三割増加している。一戸当たりの部屋数も増えてそれだけ照明、冷暖房に使うエネルギーが増加した。テレビの台数は著しく増えているわけではないが、大型テレビが増加して、それだけ電気の消費量が増えた。パソコンなどIT機器が増加して、一般家庭でもかなりの人びとが利用するようになった。

エネルギー多消費型の工業、製造業が今後、著しく拡大する情勢にはないであろうが、このような日本人たちの生活ぶりの傾向を考えると、エネルギー需要は決して一方的に減少する情勢にはないであろう。

日本の生きる道は輸出大国しかない。焼け野原の日本が世界第二の経済大国になれた原因は、無資源国ではあるが、海外から石油、石炭、LNGなどの資源が比較的自由に輸入できたこと、そして、他国よりも安く、かつ優秀な製品をつくることができたことによる。そして、輸出もスムーズにできて、外貨を十分にかせぐことができた。

日本はかつての高度成長期の実績に自信を持って、新しい発展を目指して前進すべきである。

2　困難が多い自主開発油田の推進

「日本は無資源国で経済大国なのだから」という論理で、単にエネルギー資源を購入するのではなく、自からの力で資源を開発しようという動きも見られてきた。遠い昔、筆者が高校一年生の時で、今もよく記憶しているが、一九五三年、イランが石油の国有化を宣言し、イギリスがこれを無効として海上封鎖などでイラン原油をボイコットしようとしていた時、出光石油の経営者、出光佐三氏の決断により、出光石油は敢然と日章丸というタンカーによってイランから原油を日本に輸入し、イギリスとその同盟国アメリカの反発を招いたことがあった。

この出光石油の事件も、一種のエネルギー資源の自主開発の試みであったろう。

自主開発にはしばしば他国との政策や利害の対立を招くことが最近の日本のイランのアザデガン油田の開発にアメリカ政府が反対して、難航していることからも理解できる。[1]

イランは中東きっての工業国で、近隣のイラク、クウェートやサウディ・アラビアよりも近代化している国である。アザデガン油田はイラン南西部でイラク国境に近い位置にあり、その推定埋蔵量は約二六〇億バレルとされ、ほぼ一年間の全世界の石油消費量の九割弱ほどの埋蔵量を持つと見られる。

日本の石油公団関係の組織とトーメンなどが優先交渉権を得て交渉を進めていたが、二〇〇三年六月、アメリカ政府から、イランが核兵器開発を進めている疑惑がある時にイランの石油産業に対する投資を行なうことに反対するとの意向が日本側に示され、アメリカの法律である「イラン・リビア制裁強化法」によって日本の企業を制裁の対象とする可能性があることがわかった。そしてアメリカ政府の要人は日本政府の要人や日本の駐米大使に「イランの核開発やテロ支援が疑われる中で、大規模な石油取引を進めるのは不適切だ。同盟関係を傷つけかねない」と懸念を伝えた。

日本側は「イランの経済を活性化させることはイラン国内の穏健派の力を強め、イランの民主化、国内改革にもつながる」と反論したし、また「欧州企業は制裁せず、日本だけ制裁するのは不公平」とも主張したが、アメリカ側を説得することはできなかった。[2]

アメリカ側は二〇〇三年七月になって、原油や天然ガスなどの安定確保を目的としたエネルギー戦略で日米が共同して戦略を話し合う機会を持つことを提案してきた。アザデガン油田問題で日本に強く自重するよう求めた代替として、イラク国内での油田開発やシベリアの油田開発への協力を打診する意向があるものと推測されている。

　このアザデガン油田開発にアメリカが強く抗議している件は、日本のエネルギー資源の自主開発の困難さを象徴している。
○四年二月一九日、アザデガン油田の開発権交渉でイラン側と日本の国際石油開発など日本企業連合が調印にこぎ着けた。採算性には不透明感が残り、条件は良くないと言われ、「ハイリスク、ローリターン」と批判される合意内容と言われるが、日本として自主開発油田をつくりたい政府当局はおおいに歓迎している。[3]
　アザデガン油田の開発について日本が躊躇していると、国家戦略として海外油田の開発を積極的に進めている中国が、日本よりも先行してアザデガン油田の開発について優先権を得る可能性も出てくる。そして、フランスの企業もこの巨大油田の開発に興味を示しているという報道もある。
○四年八月上旬、アメリカ政府高官はまたもや日本の経済産業省に対して、日本がイラン油田開発計画を進めることを再考すべきだと打診してきた。
　イランの核開発に関して、アメリカは極めてきびしい態度をとる一方、イラン国内での反米感情も高まっている。○四年七月、イランと英仏独との協議で、イラン側が「ウラン濃縮の権利がある」と主張したことで事態は深刻化し、アメリカはイランの核疑惑の件を国連安保理に付託する動きを見せている。このような情勢のもとで、アメリカとして、日本がイランの有望油田開発に参画しないよう求める方針と見られている。

◎ **アメリカ、イランの核開発問題を重視**　〇四年八月、ワシントンで記者会見したパウエル米国務長官はイランについて「核兵器を開発しようとしていることは明白だと思う」と述べ、IAEAの核査察へのイランの協力が不十分であり、日本はイランが投資をすべき場所かどうかを判断すべきだと強調して、日本によるイラクのアザデガン油田開発について慎重な検討が必要だと強調した。

日本による自主石油開発はもともと非常に困難な条件を背負っている。アメリカのように、歴史的に石油大国で、石油資源の探査と開発に永年にわたる経験と実績を持っているわけではない。アメリカを主体とする国際石油資本がそれほど有望ではないとして関心がうすい石油資源の権利を購入して、探査にあたるとか、国際石油資本が大きな資源を手がけた際のおこぼれを取得するケースも見られるようだ。

石油探査はバクチのような面もあり、資金力と経験の点で、日本は国際石油資本に対抗するほどの力を有していない。

3　日本もメジャー（国際的な石油開発会社）を持つべきか

日本はエネルギーの大消費国であり、かつ石油の大輸入国なのだから、国際的な石油確保のための戦略については十分な対応をしなければならないが、石油大国アメリカの国際的な石油戦略に比して、対応は不十分といわねばならない。しかし、両国の石油とのかかわりの歴史に大きな差があるので、止むを得ない面もあるだろう。

日本にもアメリカや西欧にあるようなメジャーと呼ばれる、石油資源の探査、開発を行なうような石油会社をつくるべきだという意見は一九七〇年代の初め頃にも出されていたが、現実にはなかなかその実現は困難で、実現できないまま今日に至っている。

そして、海外石油資源の自主開発を目的とする石油公団の投資は、一兆円規模ともいわれる不良債権をつくってしまったと見られると報じられており、日本による石油資源自主開発がいかに困難かを示す結果となっている。

石油資源の探査と採取について、アメリカの国際石油企業はすごい経験と知識をもっている。人員、技術、経験、歴史、資金力の点で日本がもしメジャーをつくるとしても、アメリカや欧州系のメジャーにはとても太刀打ちできないだろう。[4]

筆者はユダヤ人の街といわれるとともに、石油資本の街とも言われるニューヨーク市で八年余り勤務したが、メジャーと呼ばれる大手石油会社がアメリカの政財界に与える影響力は極めて大きいことを学んだ。

アメリカは一八五九年以来、石油資源の探鉱、開発、精油と取り組んできた古い歴史があり、その石油資本の活動は永らく世界最大の石油王国として君臨してきたアメリカ国内のみならず、世界各地に及ぶ。

石油大国のアメリカは、アメリカ本土及びメキシコ湾岸、アラスカのみならず、中東など世界各地の石油資源の賦存状況、その可能性の調査について、世界でも最も詳細な資料を有していると、ニューヨーク在住の石油関係者たちは語っていた。

この点に関しては、日本の石油会社の専門家たちも完全にアメリカに本拠を置く国際石油資本の実力を認めており、石油の探査や開発についての日米間の実力の差はしばしば「象とアリの相違」と評されている実状である。

巨大な軍事力と優越する国際政治力を背景に、石油資源の確保は国際政治上の最重要課題として取り組むアメリカの姿勢を日本は見習わねばならないとも言えるが、反対に、全く退嬰的な見解かもしれないが、日本が独自のメジャーをつくることにはアメリカとの軋轢を招く恐れは十分にあるし、困難も大きい。十分な準備もないままに、競争力が弱い石油資源開発のための組織をつくるよりも、既存のメジャーからのおこぼれや残りを開発する程度にしておき、あとはこれまで通り産油国やメジャーとの友好的関係を維持しつつ、原油を購入し、ダウンストリームでの活動はやるという方法の方が賢明なのかもしれない。

なお、中国は〇四年秋になって、中国版メジャーをつくり、国際的な石油資源開発に乗り出す意向と伝えられる。[5]

4 シベリアの資源をめぐる中・日の争い

「シベリアに眠る資源の故に、ロシアは大きな可能性を有している」という故ケネディ米大統領の言葉など、シベリアの厖大な資源を高く評価する示唆は多い。

筆者はウィーン勤務の期間に、日本との往復のときにシベリア上空を飛ぶ機会が多かったが、視界が良い時はまさに地の果てまで続く広大な原野、凍土もしくは森林の世界が眺められる。

ロシアの石油生産量は今日でもサウディ・アラビアとともに世界最高レベルにあるが、その中でもシベリアでの石油生産は重要な位置を占めており、かつ、今後、石油資源が新規に発見される見通しが強いと見られている。

東シベリア石油・ガス地帯と称される地域は自然条件がきびしくて、本格的な探鉱作業は九〇年代に入ってから始まったといわれる。シベリア開発については今後おおいに期待されるという説が強いが、半面、シベリアはむしろロシアにとって「お荷物」であり、この開発に資金、人材を投入しない方が良いという主張もある。

西シベリアでは油田、ガス田が開発され、欧州へ向けて長いパイプラインも建設された。今後、東シベリアでの石油、天然ガスの開発がどの程度進むかが注目される。ロシア極東部分は旧ソ連消滅後、冷戦解消により軍需産業が衰退へと向かい、ロシア人人口は減少している。ロシアとしてはパイプライン建設でこの地方をテコ入れしたい希望のようである。

東シベリアのバイカル湖周辺のアンガルスク油田などからチタを経由して、中国の大慶に引くパイプラインの建設がすでに二〇〇一年に中・ロ間で基本合意に達している。この石油パイプライン建設に強い関心を示しているのは中国と同様、日本であり、日本への石油輸出のために、パイプラインを日本海に面するナホトカまで引くようロシア側に働きかけていたが、その方向性で実現する見通しとなった。

いわば、中国側の希望する大慶ルートと日本側が希望する太平洋ルートとの綱引きとなっており、ロシア側によるルート選定は二〇〇三年九月にも行なわれると見られていたが、先送りとなっていたものである。[6]

なお、パイプライン・ルートの選定に関して、ユコスなど旧エリチン派の流れに近い筋は大慶ルートを支持し、プーチン大統領側近はナホトカ・ルートを支持していると言われている。このユコス騒動により、旧エリチン派が打撃を受ければ、日本が望むナホトカ・ルートの選択に有利となるとされていた。

日本は「太平洋ルート」の実現を目指してきたが、具体的に日本向けの原油は確保されておらず、日本側が莫大な資金を投入してロシアと共同で油田探査や開発を始める可能性もある。永久凍土地帯のきびしい自然環境、ロシア・ビジネス特有の法制度など、克服すべき課題も山積している。

このような、シベリア石油の輸送ルートをめぐる日中間の争いの原因は、両国が今後の安定した石油の供給を確保したいからである。

中国は自国産の石油は約三三〇万バレル／日という相当の石油大国であるが、輸入石油に依存する傾向が強まり、二〇〇二年の石油輸入量は一六〇万バレル／日程度であったが、〇四年末ですでに輸入量が三〇〇万バレル／日程度に近づいている可能性が高い。

将来、中国は石油の大消費国となり、相当の石油生産国ながら、同時にアメリカ、日本と同様に石油輸入大国になる可能性が高いのだ。

図2－1　ロシア政府決定のルート

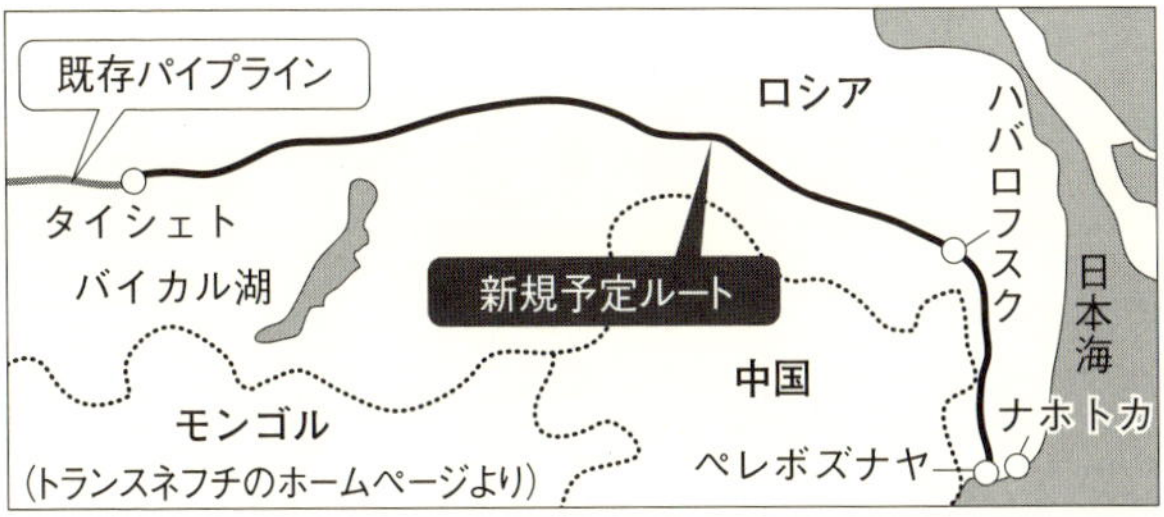

（産経新聞 05.1.1）

この事実は同じく石油輸入大国である日本にとって、石油を確保する上で強力なライバルが登場しつつあることを示している。ロシアの極東パイプラインのルートをめぐる日中間の争いは、将来、シベリアの石油、天然ガス資源を日中で奪い合うような事態がおこる可能性を示唆している。[7]

東シベリアから極東へのパイプラインがナホトカ・ルート（太平洋ルート）で建設されるか、大慶ルート（中国優先ルート）で建設されるか、或いは両者とも建設される形となるのかは重大な意味を持っていた。[8]

ナホトカ・ルートが建設されるなら、ロシアはナホトカからアメリカ及び日本へ石油輸出することを重視することになるが、大慶ルートのみ建設する場合は、中ソ間の連携を重視する路線の表われとなる。[9]

他方、ロシアとして東シベリア油田がアメリカ、日本、中国という石油の三大輸入国の需要に応じるだけの産油量を持ち得るかも大きな疑問点となっている。

レナーツングースカ堆積盆地とその東北方のレナービリュイ堆積盆地（ヤクーチャ地方）が東シベリア・石油ガス地帯であるが、この地域は永久凍土帯となっており、掘削、ロジスティックス上の難問をかかえている。自然条件がきびしく、本格的な探鉱作業は九〇年代に入ってから始められた。

このような不確定な要素はあるが、日本としては、ナホトカ・ルートが建設されるように働きかけてきた。[10]

日本エネ研は〇四年七月、二〇二〇年の東アジア地域における原油供給の中東依存度は旧ソ連からの原油輸入が最大限に可能となれば、〇一年の七八％から一一％低下して六七％となるとの見通しを発表した。

この仮説を実現するためには、石油の大消費国である日本、中国、韓国がよく協調すること、東シベリアからナホトカ向けパイプラインが完成すること、供給国との関係維持、東アジア全体での備蓄や融通体制の整備、マラッカ海峡の通行安全確保の必要性をあげている。

ロシアにとって、建設コストの点では断然、大慶ルートの方が安くてすむが、ナホトカ（太平洋）・ルートには建設コストの比較だけでは片づけられない要素がある。石油、天然ガスの厖大な資源を持つロシアにとって、アメリカ、ＥＵへの輸出拠点としてナホトカが登場すれば、それはロシアにははかり知れない利益をもたらすことになるからである。そして、エネルギー面における米・ロ協力ムードもあって、遠くアメリカへの石油輸出を目指すことから見ても、ロシアにとって、ナホトカ・ルートの方が魅力的だとも考えられる。[11]

なお、〇四年七月になって、ロシア国営の石油パイプライン会社「トランスネフチ」の副社長が、東シベリアから極東への石油パイプラインの建設を〇五年から部分着工し、日本が要望するナホトカ・ルートにより、日本方面へ輸出することを意図していると語った。[12]

さらに、〇四年十月下旬に、ロシア経済発展貿易省の幹部は「太平洋に向けて建設することでだいたい固まっている」と金沢市で語った。[13]

このような経緯から、ロシアとして太平洋ルートを優先することがほぼ確実と見られるにいたり、〇四年末、ロシア政府がその旨を正式に発表した。そして、中国には支線の形でルートを結ぶという説が有力となっている。しかし、なお、最終決着とはいえないムードである。

5　サハリン・プロジェクトの展望

終戦までの日本の社会では、「日本は植民地争奪戦で遅れを取ったから、次の機会には、カラフトの北半分も取得したい」といった願望を抱く人びとも多く、サハリン北部もいずれ日本領となるだろうと期待する人が多かった。

このサハリン北部の石油、天然ガス資源が今や日本が輸入する有力な資源として注目を集めている。日本が参画しているサハリン北部の石油、天然ガス開発事業には「サハリンⅠ」と「サハリンⅡ」という二つのプロジェクトがあり、サハリンⅠは石油に関してはパイプラインでロシア本土の海岸の都市、デカストリーに運び、日本向けを中心に中国や韓国にもタンカーで輸出する。また天然ガスはパイプラインで輸送する計画で、〇三年九月末ごろに、関係者が協議した結果、サハリンから北海道を経て青森県北端に達する地点以南は、日本海沿岸を通る新潟へのルートは断念し、太平洋側を通り、仙台を経て東京に至るルートを選択するという基本方針がかたまった。日本海側については、供給側が期待するような天然ガスの需要が集まらないと予測し、断念する方向性となった。[14]

日本沿岸でのパイプライン敷設については、漁業補償費が大きな額となることから、パイプラインの敷設ルートは漁業権がからまない大陸棚の外側を通すことで、漁業補償の額を最小にし得ると期待されている。外国では欧州周辺で、水深二〇〇〇メートル程度の深い海でもパイプラインを敷設している例があり、技術的には問題がないと伝えられている。

一方、サハリンⅡはサハリンⅠよりも北に位置する天然ガス開発事業で、サハリン北部の沖合で採取した天然ガスをサハリンで液化してLNGとして、船で日本などに運ぶこととなる。

サハリンⅠは現段階では原油の埋蔵量は約二三億バレル（全世界の一年間の石油消費量の約十三分の一）で、天然ガスの推定埋蔵量は約四八五〇億立方メートルでLNG換算で約三・四億トンであり、これは日本の今日の年間の天然ガス消費量の約六・五倍にも相当する。

サハリンⅠでは石油については二〇〇五年から生産を開始し、石油の輸出は二五万バレル／日（日本の輸入量の五％程度）、天然ガスの生産は二〇〇八年以降に開始し、LNG換算で年間約六〇〇万トン（日本の輸入量の約十一％）を見込んでいる。

一方、サハリンⅡでは二〇〇七年から、生産、出荷を予定しており、天然ガスをLNGに転換して輸出し、第一系列、第二系列とも、それぞれ年間四八〇万トン（LNG換算）のLNGを生産する。第二系列も完成すると年間生産量は約九六〇万トンとなり、日本の現在のLNG消費量の約十八％を占める量である。[15]

サハリン沖の石油、天然ガス資源については中国も強い関心を寄せていると伝えられる。[16]なお、〇四年十一月に入って、サハリンⅠの天然ガスについて、エクソン・モービルが中国にも販売する意向を示したことで、ここでも資源をめぐる日本・中国の争いの側面を示すものとして注目される。

サハリンのプロジェクトは、エネルギー分野で中東原油への過度の依存の緩和をはかりたい日本にとって、極めて魅力ある計画であるが、総投資額はサハリンⅠで約一兆四〇〇〇億円、サハリンⅡで約一兆二〇〇〇億円とされている。もとより今後の展開次第では、それ以上の資金を要することになるかもしれない。

日本にとってサハリン天然ガス開発の魅力は大きい。環境対策の重要さを考えると、次は天然ガス時代かとささやかれている時に、比較的距離が近い場所に大きな天然ガス資源の存在が明らかになりつつあるのだ。

日本は天然ガスをLNGの形で輸入しているので現状はコスト高と見られがちだが、ガス・パイプラインによって輸入すると、コストは安くなる。

サハリン島北東部のガス・油田群は一九八〇年代から日本・ロシアの共同事業として開発が進められ、エクソンモービルやロイヤル・ダッチ・シェルも事業参加し、すでに確認されている商業生産可能な天然ガス埋蔵量は三十兆立方フィート以上とされ、これは日本の現在の天然ガス需要量の約一二年分にも相当する。

このように、サハリン・プロジェクトは、日本のエネルギー確保にとって重要な役割をになっている。

6　天然ガス田をめぐる日中間の紛争

東シナ海の資源に関する日本政府の資料としては、原油換算で計五億一八〇〇万kl（約三二・五億バレル）程度という試算がある（九四年の石油審議会開発部会専門委員会の資料）が、それほど詳細に調査した結果の資料とは言えず、資源量については不明確といえよう。

中国側は一九六〇年代から中国が面する海域での海底油田、ガス田の開発の計画をすすめており、北部の渤海海域、東シナ海で上海の東方の海域、南シナ海で香港の沖合、珠江口沖、海南島周辺の沖合油田・ガス田の開発を推進してきた。[17]

東シナ海の平湖ガス田で生産された天然ガスはパイプラインで上海に送られている。この平湖ガス田の南方に「天外天」ガス田と「春暁」ガス田があり、このほかに残雪、断橋というガス田もあって、これらのガス（油）田で採ガス施設の建設がすすめられている様子であるが、この採掘現場が日本側が主張する排他的経済水域の境界線上にあるとして、日中間で意見の対立を招いている。

中国側は春暁ガス田群で〇五年から天然ガスの生産を開始し、〇七年には年間二五億立方メ

図2－2　中国側ガス田の位置

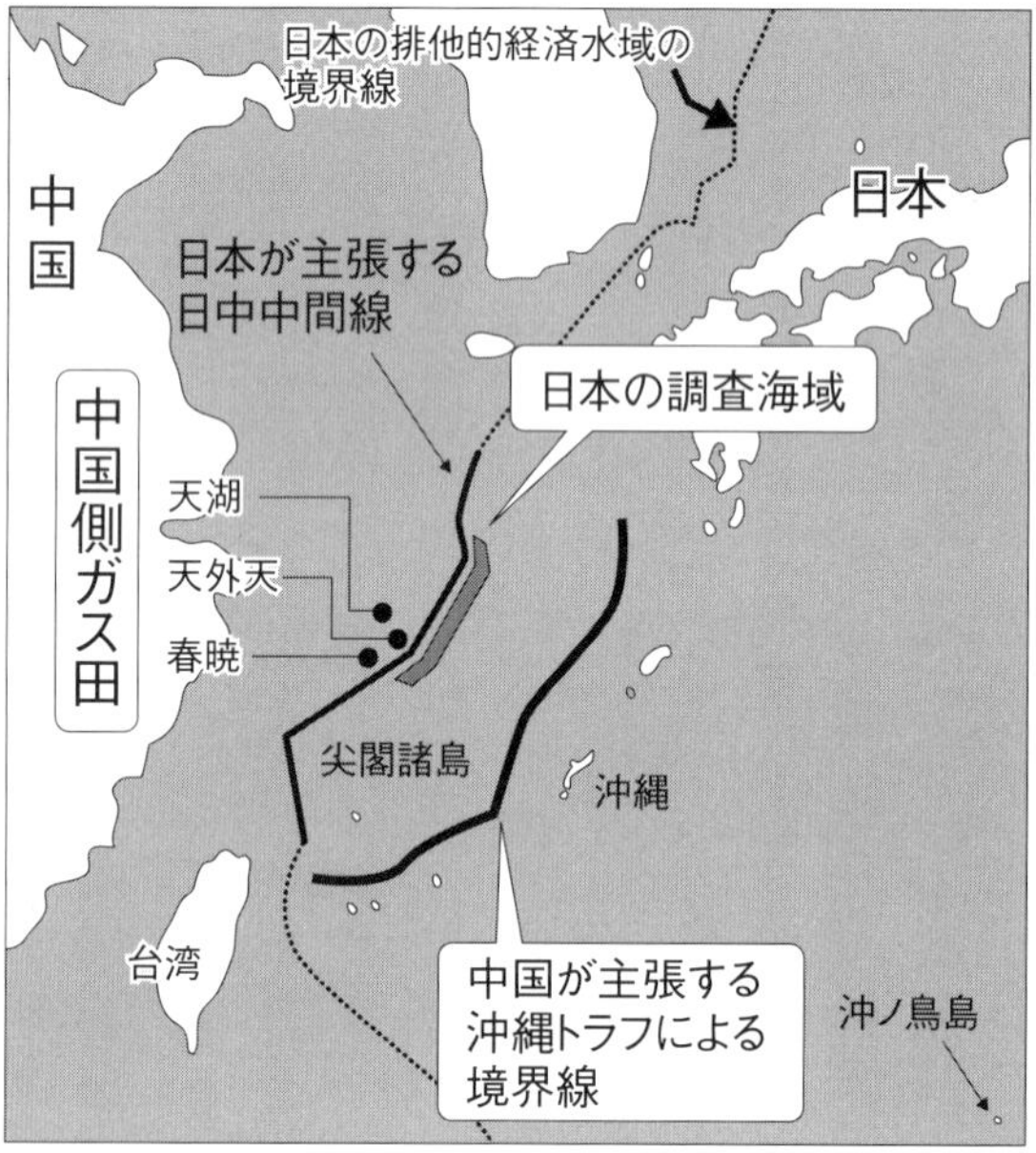

（共同通信社提供）

ートル（大阪ガスの年間家庭向けガス販売量にほぼ相当する）の生産を行なうよう計画している。[18]

中国側は、これらの資源が中国が主張する沖縄トラフによる境界線より中国側にあると主張しているが、日本側はこれらガス田は中間線上にあるとして、中国側に資料の提供など、説明を求めている。[19]

日本政府は、中国側から今後も情報の提供がなければ、春暁ガス田附近の日本側水域で採掘調査を行なわざるを得ないことを〇四年十月末に通告した。[20]

この海域では、すでに中国側が平湖ガス田を開発し、上海方面にパイプラインで天然ガスを輸送しているなど、中国側の開発の方が進展している。日本としては、もし日本側海域で天然ガス田を発見して、生産しても、それを輸送する手段がないという問題もある。

〇四年九月末、中国による春暁ガス田群の開発プロジェクトに参加していた石油メジャーのロイヤル・ダッチ・シェル及びユノカルが撤退を表明した。日本政府の働きかけによるとの報道もあり、このメジャー二社が日中間の紛争にまきこまれるのを避けようとしたという見方もある。

日本としては、いたずらに中国による日本海域の資源の侵犯だと非難したりせず、日本と中国とが協力してアジア地域の経済発展を引っ張るというような精神によって、日中協議により問題解決をはかるべきである。[21]

注

1 日経新聞（03・7・13）
2 産経新聞（03・7・2）
3 日刊工業新聞（04・3・27）
4 産経新聞（03・11・25）
5 日経新聞（04・10・26）
6 産経新聞（04・9・17）
7 読売新聞（03・7・30）
8 読売新聞（04・7・4）
9 読売新聞（03・9・25）

10　読売新聞（03・7・30）
11　毎日新聞（03・8・1）
12　毎日新聞（04・10・22）
13　中日新聞（04・7・4）

14　産経新聞（03・7・17）
15　読売新聞（03・12・2）
16　産経新聞（04・6・11）
17　中日新聞（04・5・28）

18　産経新聞（04・7・7）
19　朝日新聞（04・10・23）
20　日経新聞（04・10・28）
21　朝日新聞（04・10・20）

第三章
地球温暖化の諸問題について

1　地球の温暖化現象

地球の気温は一九七〇年代のなかば頃から上昇しつつあるという説があった。一九八八年の五、六月にかけてアメリカで猛暑と旱魃が各地でおこり、当時アメリカで生活していた筆者も経験したことだったが、この一九八八年の暑さが異常だったことから、地球の温暖化を懸念する声が世界的にも高まった。気象学の権威、ハンセン博士が地球温暖化について警告したこともあり、地球の温暖化についての関心が高まった。

(1)　地球温暖化現象の検証

近年、地球の気温の上昇を示す事象が世界の多くの地域で見られており、単に一時的な現象として片づけられないとの見方が強まっている。

〇三年は日本では冷夏だったが、世界的には高温の年として総括された。欧州では六～八月に高温で乾燥した高気圧に覆われた状態が続き、とくにフランスでは熱波による死者が相次ぎ、八月の平均気温が平年より五・九℃も上まわった地点があった。

〇四年二月、気象庁は〇三年の世界の年平均地上気温が統計を開始した一八八〇年以降、一九九八年、〇二年に次いで三番目に高い値となったと発表した。

世界の年平均地上気温は一〇〇年あたり〇・七℃、日本は一℃上昇している。[1]

アメリカ西部では〇三年夏以降、高温・少雨が続いて十月下旬にカリフォルニア州などで森林火災が発生し、拡大した。インドは二年連続して熱波に見舞われ、アジア南部全体でモンスーンによる大雨被害も出た。

〇三年七月には中国の華東地域を中心に記録的な猛暑が続き、上海では七月三一日まで日中の最高気温が三五℃以上に達する猛暑が一三日間続いた。中国各地で電力不足、水不足が深刻化し、停電や電力・水の使用制限が各地で報じられた。高温のため熱射病による死者も続出した。

〇三年十月には南極大陸の上空のオゾンホールが過去最大の規模となった。オゾンホールは成層圏の気温が低いほど著しく発生するが、この南極上空の成層圏の温度の低下の原因として、大気中の地球温暖化ガスが増えて対流圏の温度が上昇すると、周囲の熱を奪って、成層圏の温度が下降するという説もある。[2]

〇四年春（三月～五月）の三ヵ月間平均の日本の気温はまさに記録的な暖かさで、広い範囲で平年を一℃以上上まわる高温を示した。また五月には東京都心で最高気温が三〇℃を超す真夏日を観測史上初めて三日も観測したほか、米子、大分、羽幌（北海道）の三地点で平均気温が観測史上最高となった。

さらに、〇四年の日本の夏は「戦後最も暑い夏」と言われるような様相を示した。日本の主な地点の中で七月の平均気温が史上最高だったのは東京・大手町（二八・五℃）、宮崎市（二八・九℃）、浜松市（二八・一℃）など数多くあり、東日本（関東～東海）、西日本（近畿～九州）とも平年を大幅に上まわり、いずれも観測史上最高を記録した。[3]

気象予報士の森田正光氏によると、東京都内の最高気温は七〇年代は三六・三℃で、八〇年代は三八・一℃、九〇年代は三九・一℃と一〇年ごとに少しずつ最高気温が上昇していると指摘している。東京都心では街に並ぶ　トーキョウ・ウォール　と呼ばれる高層ビルの壁の影響もあって、四〇℃近い観測史上最高の暑さを記録する日も稀ではなかった。[4]

西日本では史上二位の猛暑になったと気象庁は分析しており、真夏日（最高気温が三〇℃以上となる日）の回数が過去最高となる都市が続出し、この暑さは九月下旬まで続いた。

日本での〇四年夏の記録的暑さについて、いろいろの解説が行なわれている。しかし、根本的な原因として注目されることは、近年の太平洋全体の海面水温の上昇と日本に南方から影響を与える亜熱帯高気圧が強まっている、という事実のようである。

最近の地球温暖化の問題について論じるとき、約四六億年も昔といわれる地球誕生期から今日に至る長期的な気候の変動と、最近の一〇〇年間程度の短期的な気温の変化とを区別して考えねばならない。

長期的な気候変動は過去に何回もおこったものと推定され、温暖な時期と氷河期との温度差は一〇℃ないし一五℃にものぼったと推定されている。このような気候の変動はあくまで自然界の営みの故に生じたもので、かつ、長期間の年月を経て、温度の変化が生じたものであった。

これに反して、最近二〇〜三〇年間の気温の上昇は自然界の種々の要因が重なって生じたものというよりは、人類社会が産業革命以来、化石燃料の消費を激増させた結果、CO_2など、温室効果ガスの濃度が増加したことが原因だという見解をとる代表的な例がＩＰＣＣ

（Intergovernmental Panel on Climate Change、気候変動に関する政府間パネル）第三次評価レポートなのである。

〈第三次ＩＰＣＣ報告（二〇〇一）のポイント〉

―科学的知見について―

1．過去の温暖化について

① 地球平均気温は二〇世紀に約〇・六℃上昇

② 最近五〇年間に観測された温暖化の殆どは人間活動によるものである

2．将来の予測について

① 一九九〇－二一〇〇に世界平均気温は一・四～五・八℃上昇する

② 一九九〇－二一〇〇に、世界平均海面水位は〇・〇九～〇・八八m上昇する

◎ **要注意！――健康上からもCO_2増加を抑止せねばならぬ**　今日、世界では温室効果ガスの増加による温暖化がもっぱら懸念されているが、CO_2の増加によって人間の健康上、悪い影響を及ぼすことにも、注意しなければならない。

大気中のCO_2濃度は西暦一〇〇〇年から一八〇〇年ごろまで二八〇ＰＰＭ程度で推移したが、産業革命がおこった一八〇〇年ごろから上昇し、一九六〇年ごろには三一五ＰＰＭ程度となり、〇三年末には三六〇ないし三七〇ＰＰＭ程度となった。今後、人類がこれまで通りのペ

ースでCO_2排出量を増やしつづけると、二一〇〇年ごろにはCO_2濃度は〇・一％（一〇〇〇PPM）程度になるとの推定もある。

このCO₂濃度〇・一％という数字は、CO_2濃度〇・五％が労働衛生上の許容濃度であることを考えると、許容濃度に近づき、警戒すべき水準にある段階ともいえる。従って、人類は健康上からも今すぐにCO_2濃度の上昇を抑えるよう最善の努力をすべき段階に達しているとも言えそうである。

◎スイス・アルプスにも温暖化の影響

スキーの本場、スイス・アルプスでも、明らかに温暖化の影響とみられる現象がおこっている。ここ数年、アルプス地方を記録破りの猛暑が襲い、氷河が大幅に後退したり、永久凍土が溶ける異変が続発し、スイスに二三〇あるスキー・リゾートのうち、四割近くは十分な降雪が得られなくなる可能性があると言われている。

筆者はウィーンに居住していた一九七〇年代後半に、スイスやオーストリアの高い山頂に近い地点に壮大なスケールの氷河がある光景を目撃していた。これらの氷河が一九八〇年代後半ごろから後退しつつあったが、近年、この傾向が著しくなっているようだ。

これらのスキー・リゾートでは、安定して十分な降雪が得られる標高が今後五〇年間で五〇〇メートル上がる恐れがあるという報道もある。[5]

図3－1　日本沿岸の海面水位の変動（気象庁資料）

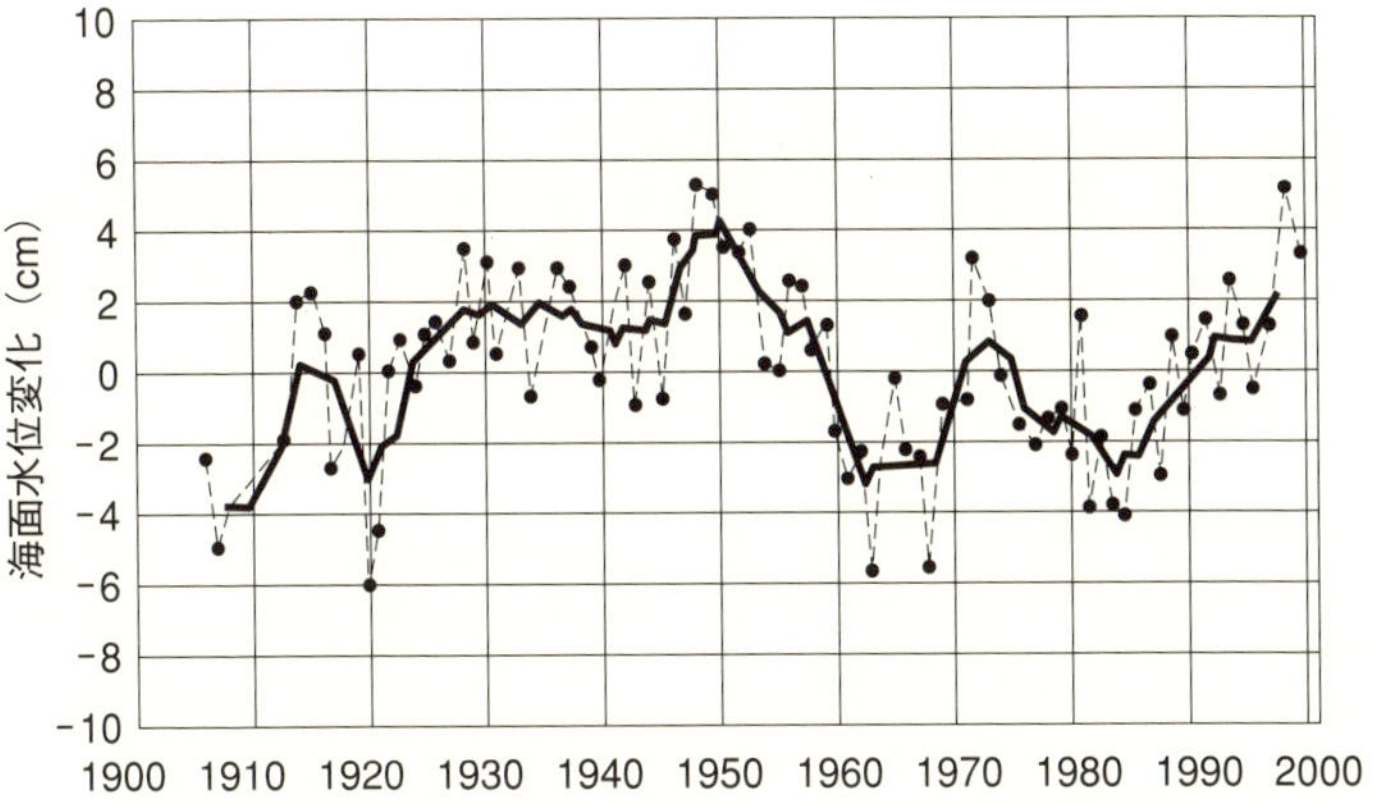

点：日本沿岸５地点の各年平均値（共通した変化は除外）
太線：上記を５年移動平均した値　（『地球温暖化予測がわかる本』）[11]

(2)　海水位の上昇

〇三年に至る五年間の日本の平均海面水位は通常の水位と比べて四、五センチ前後高く、過去一〇〇年間で最も高いレベルとなっていることが気象庁の調査でわかった。[6]

気象庁によると、日本近海の水深〇〜約七〇〇メートルの平均水温は、一九七〇年から八五年まではほとんどの海域で低下していたが、北太平洋中部地域での海上の風の長期変化や地球温暖化などの影響で、一九八五年以降は上昇傾向が続いている。

水温が上昇すれば、海水位が上昇することはよく知られており、近年の日本近海での海水位の上昇も、水温の上昇が有力な原因となっていると推定されている。[7]

〇三年七月の日本の気象庁の発表によると、日本沿岸の海面水位は一九八五年以降上昇を続け、〇二年の平均水位は過去のピークだった一九四八年を上まわり、過去一〇〇年間で最も高い状態になっていることがわかった。

また、東シナ海の定期観測を続けている長崎海洋気象台では一九八五年以降、海水位が一〇センチ上昇したと発表している。

すでに、太平洋のツバル、キリバスやインド洋のモルジブといった小さな島から成る国が海面上昇による危機を訴えて、他国への移民を求めたりしている。[8]

近年の海水位の上昇については、北極、グリーンランド、南極の氷が溶けたことが原因ではなく、温暖化による海水の膨張が原因だろうとの推測が有力である。

南極大陸の上に存在する氷床は今日程度の温暖化では融解せず、その溶けた水が海に流れる可能性は極めて低いと見られている。南極で氷床が海に突き出した棚氷は近年、予想以上のスピードで崩壊し、氷山となりつつあるが、多くの棚氷は海に浮かんだ状態で存在するので、氷山と同じく融解しても海水位にはあまり影響しない。

北極の氷もそのほとんどは海上に浮いている状態なので、融解しても海水位には影響しない。

従って、当面、最も海水位に影響を与えそうな氷床はグリーンランドの氷床であるが、グリーンランドについては七〇年後の気温上昇は四～五℃という予測もあり、一〇〇年間で氷の融解が進み、海面は五～一〇センチ上昇するという予測も見られている。[9]

〇三年十月に発表された気象研究所の気候モデルによると、気温は八〇年までに現在より一・九℃上昇し、海面は風の流れの変化の影響で日本の太平洋沿岸で現在より約一五センチ上昇し、三陸沖では平均一七センチ上昇する。局所的には約四〇センチ上昇するところもあるとされる。[10]

ＩＰＣＣは二一〇〇年には平均海面水位が九センチから八八センチ上昇すると試算しているが、このＩＰＣＣによる試算は氷床の融解に重点を置いたものであり、気象研では日本の沿岸は風の変化による海面上昇が起きやすい特徴があることに注意を呼びかけている。

◎温暖化の進展を示す南極の棚氷の崩壊　南極には地球に存在する氷の九割があると言われ、その多くが南極大陸の上に存在するだけに、すべての氷が溶ければ海面の上昇は破滅的とされている。

近年、南極で氷床が海に突き出した「棚氷」が崩壊する現象が続発している。

南極半島ではこの半世紀で気温が約二℃上昇しており、棚氷の崩壊に気温上昇が関係しているのは間違いないとみられている。

海から蒸発した水分が雪になって、降りつもる量が南極大陸から海へ流出する水量を上まわれば海水位は上昇せず、むしろ下降すると計算する説もある。
東京大学気候システム研究センターの予測ではCO_2が年一％ずつ増えると、七〇年後には地球平均で気温が約三℃上昇し、南極では四～五℃上昇する。
しかし、この程度の気温の上昇では、南極では海から蒸発した水分が雪になり、やがて南極の氷床など氷の蓄積となる量の方が南極の氷が溶けて海に水となって流れこむ量よりも大きく、南極全体を見ると、海面を下げる方向に作用する方が大きいと判断されている。
一方、北極に近いグリーンランドでは七〇年後の気温上昇は四～五℃という前提で、同気候システム研究センターが予測を行なったところ、数千年後にはすべての氷が溶け、海面の上昇は六メートルに達すると予測されている。[11]
日本沿岸の潮位の上昇によって、例えば広島県宮島町の厳島神社ではここ数年、回廊の床板から水が一〇～二〇センチ程度も噴き出すことが年一〇回程度おこっている。[12]
水温の上昇が魚類の生息状況に変化を与えている現実もあり、海水温が一・五℃上昇するならば、九州、四国水域でのフグの養殖は不可能になるという懸念を農水省・水産庁の調査は示唆している。

(3)　世界に広がる異常気象

〇二年以降、世界各地で著しい異常気象が記録されている。異常気象は決して珍しい現象ではないが、〇二年から〇四年にかけては、世界各地で異常気象が連続的におこっており、地球温暖化が原因ではないかと憶測されている。

ペルー沖で〇二年春から続いているエルニーニョ現象の影響とみられる異常気象が世界各地に拡がっている。

オセアニアの大旱魃、南米北西部、南部の多雨のほか、東南アジア、中南米、西アフリカなどの熱帯地域では三〇年に一度ほどしか見られない異常高温を観測した。気温の変動がほとんどないインド北部でも月平均気温が平年を三℃以上、上まわる地点があった。

温暖化傾向の影響によって、昆虫など生物の生息圏が北上しつつあることが各地で報告されており、また、植物の生態にも温暖化による変化が生じつつあることも指摘されている。例えば、従来、沖縄や台湾に生息するとされ、九州が北限とされたチョウの一種のナガサキアゲハが埼玉県で生息しているのが認められている。

また、気温上昇と乾燥化のために北極圏に広がるエゾマツの成長率が落ちていることが報告されている。

IPCCでは、熱帯圏の拡張により、マラリアなど熱帯性の感染症が広まる恐れがあると警告している。

さらに、〇二年夏、ドイツ、チェコ、オーストリアなど、欧州中部の大洪水は、温暖化現象が原因となったのではないかといわれている。

欧州の洪水では、雨量が平年の約八倍を記録し、プラハやドレスデンでは、洪水がおこり、文化遺産となっている古い建造物も被害を受けた。

〇四年に入っても、世界各地で異常気象が報じられ、インド、バングラディシュでは六、七月に大雨を記録し、朝鮮半島、中国南東部、フィリピンが六~八月に大雨に見舞われ、欧州南東部は七月に熱波が発生し、アラスカでは六~八月に高温少雨で、ペルーでは七月寒波に見舞われ、日本各地で真夏日が過去最多となり、アメリカ東海岸、南東部では八月以降四つのハリケーンが上陸し、大きな被害が出た。

八月以降、欧州北部で平年より二~八℃高い高温が続き、トルコ、シリア北部、アルゼンチン北部でも異常高温を記録する一方、南アでは九月下旬に記録的な大雨となった。[13]

温暖化が進めば、猛暑となると共に豪雨が多くなることは、空気中の水蒸気の量が増えることが気温の上昇によってもたらされることから、当然の理であろう。太平洋の熱帯地方ではスコールと呼ばれる「通り雨」のような激しい降雨が多いし、筆者がしばしば訪問したカリブ海地方でもスコールに似た通り雨が多い。

また、日本において〇四年に台風が続々と上陸し、同年十月末で一〇個を数え、一九五一年に正式な観測が始まって以来、最多となったが、気象台では台風が発生することが多いフィリピン東方の水温が上昇していることが原因とみている。

2　地球温暖化現象の原因と背景について

(1)　地球の気温の歴史的経過

約四六億年前の地球誕生期には、地球の大気には八〇%以上のCO_2が含まれ、地球は灼熱状態だったが、今日より約四〇億年前に気温が三〇〇℃程度になり、大気中の水蒸気が雨となって地表に降りそそぎ、海ができたとされている。

そして海底にCO_2が閉じこめられ、引き続きCO_2を海水が受け入れやすくなって、大気中のCO_2濃度が減っていった。

約四六億年前、地球が誕生したとき、太陽のエネルギーは今日より約二五～三〇%程度低かったと推定されている。徐々に太陽のエネルギーは強くなってきたが、他方、温室効果ガスであるCO_2の濃度は低くなってきたため、超長期的に見て、地球の温度は低下してきた。ある時以降は、暖かくなったり寒くなったりする経過を繰り返してきたとされる。

地球上で恐竜が繁栄していた約一億年前、地球の気温は今日よりも約一五℃高かっただろうと推定されている。その後、約六五〇〇万年前に、地球に小惑星が衝突したという説が有力となってきた。そして、近年ではこの小惑星の衝突がメキシコのユカタン半島附近でおこったという説もたてられている。この衝突で、ごみやチリが地上に舞いあがって日光をさえぎり、地球は寒冷化し、多くの生物が絶滅したとされている。

人類の祖先は約二〇〇万年ほど前に誕生したとされているが、その頃からは地球の平均気温は五℃程度の差違の寒暖を繰り返した。八〇万年ほど前からは、約一〇万年周期で氷河期と間氷期とを繰り返してきたと推定されている。おおよそ一〇万年間氷河期が続き、そして約一～二万年間の間氷期があるというパターンが続いていると推定されている。

最後の氷河期は今から七～八万年前に始まり、約一～一・一万年前に終った。

今日、間氷期に入ってから、すでに一万年程度以上の年月を経過しており、約六〇〇〇年前に温暖化のピークを迎えたと推定される。

二〇〇〇年前ごろに寒さのピークに入った。三～五世紀にかけては低温期だったと見られる。

八世紀ごろから気温は上昇に転じ、西暦九〇〇年から西暦一三〇〇年ごろは中世温暖期といわれる温かい時期で、この頃、グリーンランドは緑の島で、農業も行なわれており、グリーンランドと北欧との間で定期的な交通もあったといわれる。

日本でもこの期間、九～一〇世紀のころは温暖な気候に恵まれていたことが諸文献などでも知られている。

その後、一七～一八世紀は寒冷期で、一八九〇年ごろから暖かくなり始めて、一九一〇～一九四〇年は温暖で、一九四〇～一九七〇年はやや寒冷期であった。

そして一九七〇年頃から今日にいたるまで、温暖化の時代を迎えていると言えそうである。

要するに、はっきりした理由は特定できないが、地球の気温は約一〇億年前からは一五℃程度の寒暖の差を示すことがあっただろうと考えられている。

(2) 地球温暖化現象の原因をめぐる論議

IPCCの第一次評価報告書（一九九〇年）では「人為起源の温室効果ガスが現状のまま大気中に排出されつづけると、生態系や人類に影響を及ぼす気候の変化が生じる可能性がある」と警告した。

これに基づいて、一九九二年のリオディジャネイロでの地球サミットで気候変動に関する国連枠組み条約が発効したのだった。

ＩＰＣＣの第二次レポート（一九九五年）は「認知可能な人為的な影響が地球全体の気候に現れていることが示唆される」と警告した。

ＩＰＣＣが二〇〇一年九月に採択した第三次評価報告書では、「最近五〇年間に観測された温暖化の大半が人間活動に起因しているという、新たな、かつ、より強い根拠がある」とされている。

この報告書では地球の平均気温は過去一〇〇年間に約〇・六℃上昇し、かつ、一九九〇年代の一〇年間は過去一〇〇〇年間で最も高温の一〇年間となったと報告されている。

そして二一〇〇年には地球の平均気温は一・四℃〜五・八℃上昇し、海面は九センチ〜八八センチ上昇すると予測している。

ＩＰＣＣの第三次評価報告書では、地球の平均気温は一八六一年から上昇し続けており、二〇世紀には約〇・六℃上昇したとしている。一九五〇年から九三年までを平均すると、陸上の一日の最低気温は、一〇年当たり約〇・二℃上昇し、中・高緯度の多くの地域で凍結期間が短くなっている。[14]

一九六〇年代以降、積雪面積は約一〇％減少し、二〇世紀内に北半球の中・高緯度にある湖沼や河川が氷でおおわれる年間日数が約二週間減った。

また極地以外の広範な地域で山岳氷河が後退している。北半球の春と夏の海氷面積は一九五〇年代以降、約一〇%から一五%減った。さらに、晩夏から初秋にかけての北極の海氷の厚さは、約四〇%減少したと指摘されている。

なお、この他にもIPCC第三次レポートは、現在の大気中のCO_2濃度は過去二〇〇〇万年間で最高であること、CO_2以外の温室効果ガスであるメタン（CH_4）、一酸化二窒素（N_2O）、ハイドロフルオロカーボン（HFC）、パーフルオロカーボン（PFC）、六フッ化硫黄（SF_6）の大気中濃度についても明らかに上昇していると指摘している。

なお、日本においては、IPCCが定めた地球温暖化係数によって、温暖化への寄与率を調査した結果、CO_2を含む全ての温室効果ガスのうち、CO_2が約九三%を占めており、CO_2対策が温室効果ガス対策の最も重要なポイントになることがわかる。

さらに、IPCC第三次レポートは、急激な温暖化によって、高緯度の冷たい表層の海水が下に沈下していく「海水の熱塩循環」をおこさなくなり、この結果、海洋の地球気温調節装置が失われる危険性を警告している。

また、グリーンランドの氷床が溶け、南極大陸西部の氷床が溶けると数千年のうちには海面水位が三メートル又は七メートル、或いはそれ以上、上昇する可能性があることを警告し、そうなれば、人類の生活に破滅的な影響を及ぼすと警鐘を鳴らしている。

図3－2　気温の変化とCO_2濃度変化の対応

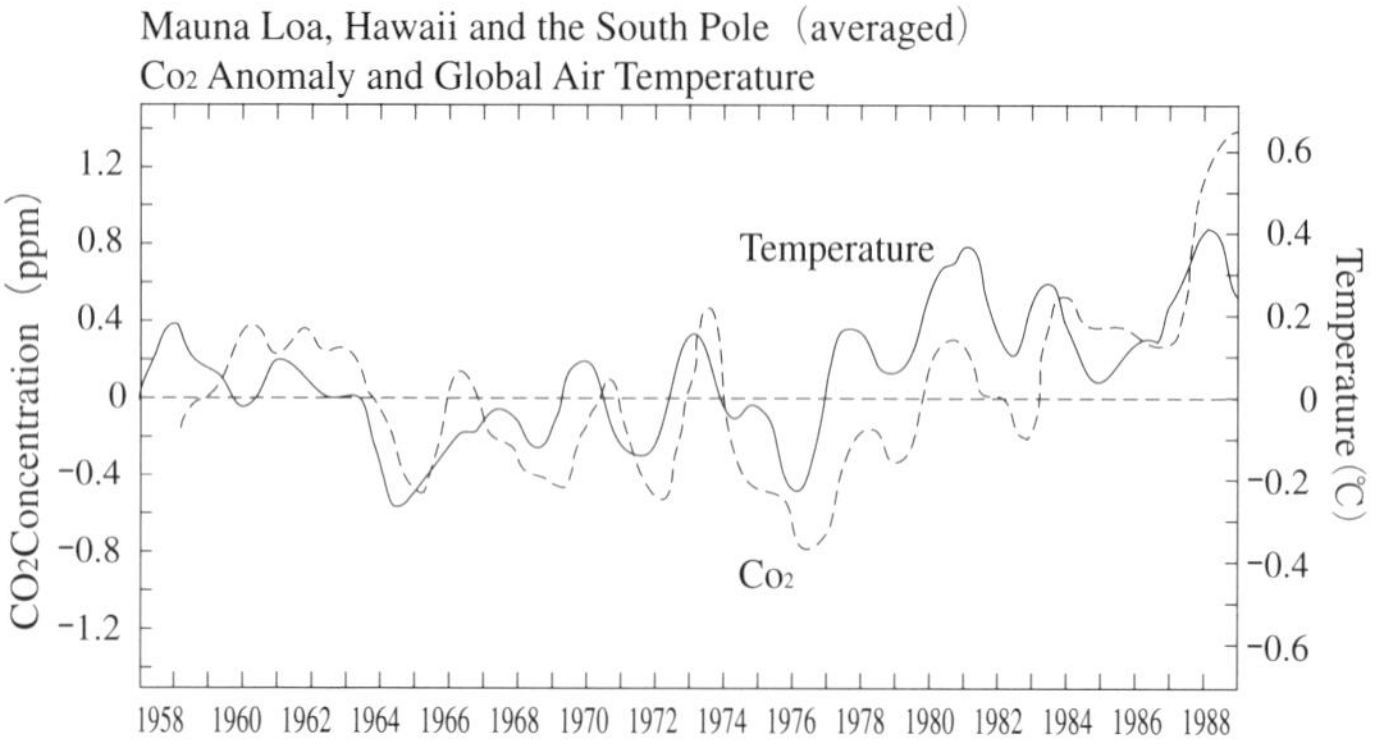

出所：D. H. Peterson (ed.), *Geophysical Monograph 55 : Aspect of Climate Variability in the Pacific and the Western Americas*, American Geophysical Union, 1989, p. 210

（『地球温暖化論への挑戦』より）[16]

気象学の専門家である木本昌秀氏（東大気候システム研究センター教授）は「コンピューター・シミュレーションによれば、二〇世紀末の三〇年ほどの急激な温度上昇は人間活動による二酸化炭素等の増加を抜きには説明できないことがわかってきた。そして何より、過去一〇〇年よりも今後一〇〇年の方が確実に温度上昇のペースは上がる」と指摘している。[15]

(3)　温暖化人為説に対する異論について

今日の世界のIPCC体制では、CO_2など温室効果ガスの増加が地球温暖化の主な原因であり、この傾向が続くと人類にとって、破滅的な影響を及ぼしかねないという認識が確

図3－3　11年移動平均した(a)太陽黒点数(b)平均海面水温

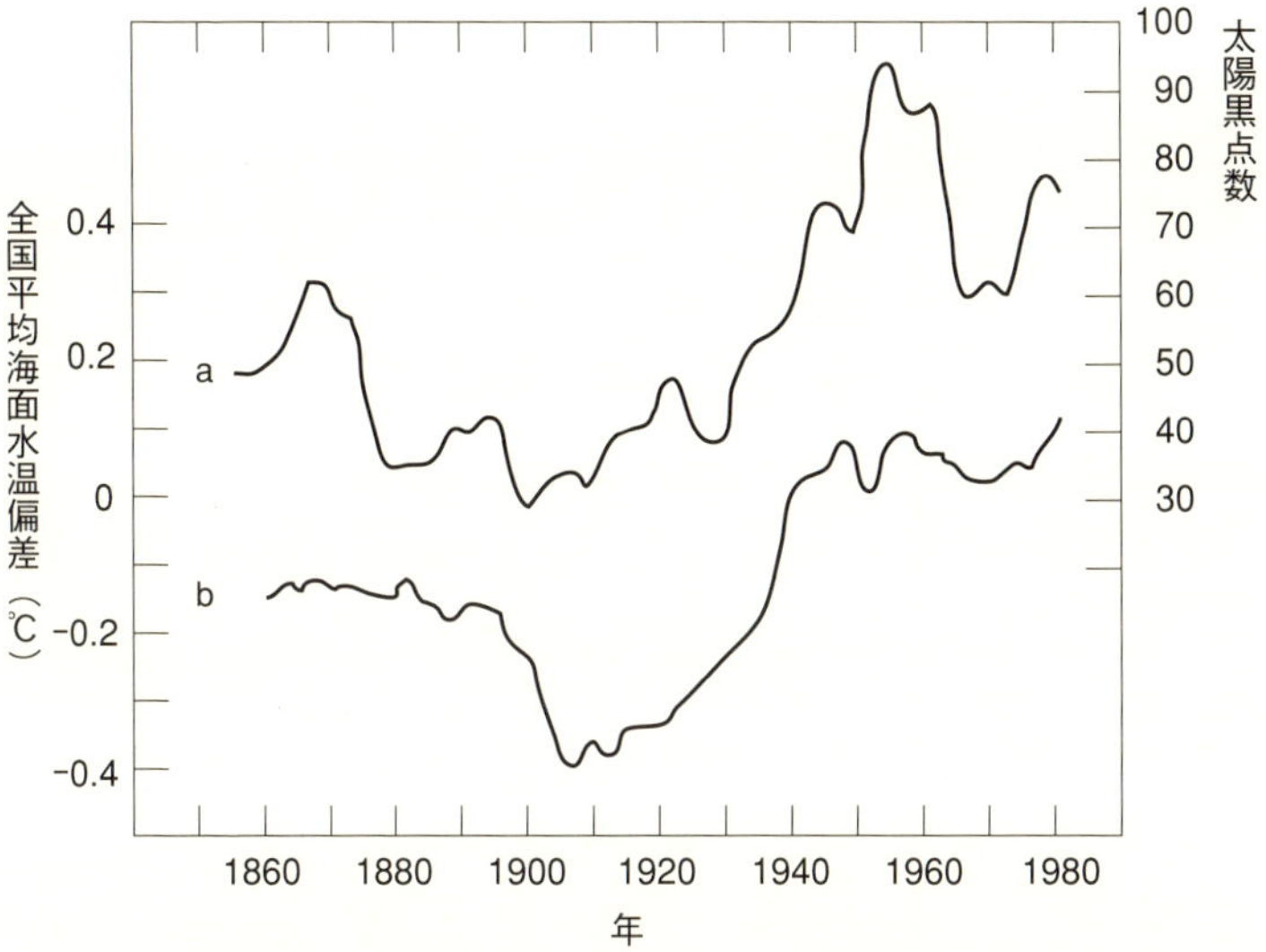

出所：気象庁編『異常気象レポート'89　近年における異常気象と気候変動―その実態と見通し(Ⅳ)』1989、15頁。
（『地球温暖化論への挑戦』p.194より）[17]

立されつつあるが、これに対する反対論も少なくない。

これら異論を紹介しておきたい。

a・温暖化が先か、CO_2濃度の増加が先か?

図3-2に見るように、明らかに気温の上下移動の後にCO_2濃度が上下したというケースも認められる。

CO_2濃度が上がったから気温が上昇したのではなく、気温が上昇して、その後、CO_2濃度が上がったのではないか。

仮説ではあるが、気温上昇によって、動植物によるCO_2排出が増え、CO_2濃度の上昇につながったとも推論できるのだ。

b・「今日の温暖化は、気候の循環の一過程として十分考えられるもので、ことさらCO_2など温室効果ガスの増加の影響と考えるのは適当でない」という意見。

歴史的に、寒暖の変化とCO_2濃度の変化は無関係であったと主張し、とくに、中世の著しい温暖化現象はCO_2の増加を全く伴っていないことに注目すべきだと主張している。

c・気温に対する影響としては、CO_2など温室効果ガスよりも、水蒸気の存在の方が影響力が大きいし、雲の状況も大きな影響力があるという説。

d・太陽の黒点の活動と気温の正の関係を強調する説。

e・宇宙線の変化と雲量の変化に相関関係があり、雲の気温に与える影響について研究すべきだという説。

f・太陽をまわる地球の軌道のブレが気温に影響を与えるという説

地球の軌道のブレにより、地球が太陽から受けるエネルギーには○・一%程度の差があることがわかっている。わずか○・一%程度の差とはいえ、この差が地球の気温に大きな影響を与えるのではないかとの説もある。[15、18]

これら「人為説に対する異論」は薬師院仁志氏の著書、『地球温暖化論への挑戦』の中でも明快に主張されているが、慎重に検討すべきだと考えられる。

(4)「科学的根拠が出そろってから行動したのでは遅すぎる」という説

京都議定書の枠組みから脱退したアメリカ側の言い分のうちの一つに、「地球温暖化問題は、長期的で、不確実性がまだまだ残る問題だ。我われは科学的な分析を重視すべき段階にあり、経済的な利害対立を持ち込む時期ではない」という主張も見られる。（アメリカのシンク・タンクであるアメリカン・エンタープライズ研究所のクリストファー・デミュース所長の発言）

しかし、このような理論には次のような反論が待ち構えているのだ。

人類による化石燃料の消費を原因とするCO_2など、温室効果ガスの増大と地球温暖化との関係が完全には立証できないにせよ、少なくとも、この点が疑わしいとされていることは事実である。

そこで「科学的証拠が出そろってから行動したのでは遅すぎる」という主張に耳を傾けねばならないであろう。

この点でよく引用されるのがチッソ水俣工場で工場からの廃液が疑われ、相当の確度があると見られていたのに、永年にわたって放置され、被害が拡大したケースである。

チッソ水俣工場附属病院の院長が原因不明の中枢神経疾患の続発に驚き、水俣保健所にその事実をとどけたのは一九五六（昭和三一）年五月一日のことであった。調査にあたった熊本大医学部は同年一〇月には病気の原因が汚染された港湾にいる魚介類にあることを早くも見抜いていた。しかも、その汚染源がチッソ水保工場であるということもほぼ確実だと見ていたのである。

チッソ水俣工場の排水によると思われる汚染は古くは大正年間から漁業被害の形で記録されており、とくに一九五四（昭和二九）年以後は水俣漁協の魚の水揚げも毎年、前年の二分の一から三分の一へと極端に減少してしまっていた。

さらに昭和三〇年代になると、水俣湾に面した漁村の猫は死滅してしまい、ニワトリ、犬、ブタ、イタチも変死するようになっていた。

要するに、科学的証拠は出そろっていなかったが、状況証拠は誰の目にも真黒だったのだ。にもかかわらず、チッソ水俣工場からの水銀排出が完全に止まったのは、ようやく一九六八年五月になってからであり、水俣病の原因がチッソ水俣工場の工場排水であることを政府が正式に認定したのは、さらに遅れて同年九月のことであった。

熊本大水俣病研究班による最初の調査がなされてから、一二年もの年月がたっていたのである。

今日、注目を集めている地球温暖化説について、水俣病のケースの教訓から学ぶとするならば、CO_2など温室効果ガスの削減に努力することが妥当という主張を招くのである。[19]

3 京都議定書をめぐる諸問題

(1) 「京都議定書」体制の発足

世界的に地球温暖化問題と取り組む動きが具体化し、一九九二年気候変動に関する枠組み条約が発効し、一九九五年から同条約締約国による会議が毎年開催されている。

一九九七年十二月、COP (Conference of Parties) 3と称される同条約締約国会議が京都で開かれ、先進国の温室効果ガスの排出削減目標について二〇〇八～二〇一二年の目標数値について合意され、一九九〇年の数値に比して、日本は六％、アメリカは七％、EUは八％それぞれ削減することなどが合意された。

その後、京都議定書の発効への努力が行なわれてきたが、〇一年に入って最大の温室効果ガス排出国であるアメリカが京都議定書に反対し、この枠組みから離脱する意向を示した。

アメリカは、①京都議定書では開発途上国の温室効果ガス排出については規制がなく不公平である ②温暖化問題に緊急性がうすい ③排出ガス規制によって国内経済へのダメージが大きい ④EUの排出ガス削減策は政府による強制的なやり方だとして、同議定書に反対の立場を明らかにした。

また、オーストラリアも同議定書に参加しない方針を発表した。京都議定書の発効は永らく、ロシアの態度次第という状態だったが、〇四年十月二七日、下院に続いて上院でも批准案が承認され、大統領が署名したことから、ロシアの批准が実現し、これにより、〇五年二月には正式に発効した。[20]

温暖化を防止するための国際的な取組みについては、先例として、オゾン層保護のための取組みが存在する。

ローランド教授が、一九七四年に、「ヘアスプレーなどに使うフロンが成層圏のオゾン層をこわす」という論文を発表し、その後、一九八〇年代初期に南極での観測からオゾン層が減少していることが判明し、一九八五年にウイーン条約が結ばれ、一九八七年には、モントリオール議定書へと規制が進んだ。現代社会を支えている便利な人工物質（フロン）について、地球の大気を守るという国際的な目的のために、国際的な規制が実施されたのだった。かくして、フロン代替物質が開発された。

オゾン層保護のためのフロンの規制が比較的順調に推移したのに、温暖化防止のためのCO_2など温室効果ガスの規制について難航している理由は、短く言えば、温暖化の方が問題のスケールがはるかに大きく、利害関係を持つ分野がはるかに多範囲にわたるからだと言える。

なお、京都議定書の対象となる温室効果ガスは次の六種類である。
・二酸化炭素（CO_2）
・メタン（CH_4）
・一酸化二窒素（N_2O）
・ハイドロフルオロカーボン類（HFCS）
・パーフルオロカーボン類（PFCS）
・六ふっ化硫黄（SF_6）

この六種類の温室効果ガスはいずれも温室効果が異なるので、CO_2を基準とする温室効果係数を有し、計算上はCO_2以外の五種類については温室効果係数によってCO_2換算として評価する。

CO_2以外では、メタン及び一酸化二窒素は農業、廃棄物などから排出され、他の三種類の温室効果ガスは一九九五年以降、フロン代替物として開発された工業用ガスである。

日本においては、例えば二〇〇一年には前記の温室効果ガスのうち九三%まではCO_2による影響なので、温室効果ガスの削減を考えるとき、CO_2削減として論議されることが多い。

(2) 京都議定書をめぐる動き

a・京都議定書を日本が批准、ロシアも批准し、正式に発効へ

京都議定書に関しては、日本国内にもいろいろの意見、批判があったが、二〇〇二年六月、閣議

表3－1　先進国（京都議定書付属書I国）の中でのCO_2排出量の割合―1990年時点

（環境省資料による）

アメリカ	36.1%
ロシア	17.4
日本	8.5
ドイツ	7.4
イギリス	4.3
カナダ	3.3
イタリア	3.1
ポーランド	3.0
フランス	2.7
オーストラリア	2.1
その他	12.1

図3－4　世界の年間CO_2排出量と削減必要量

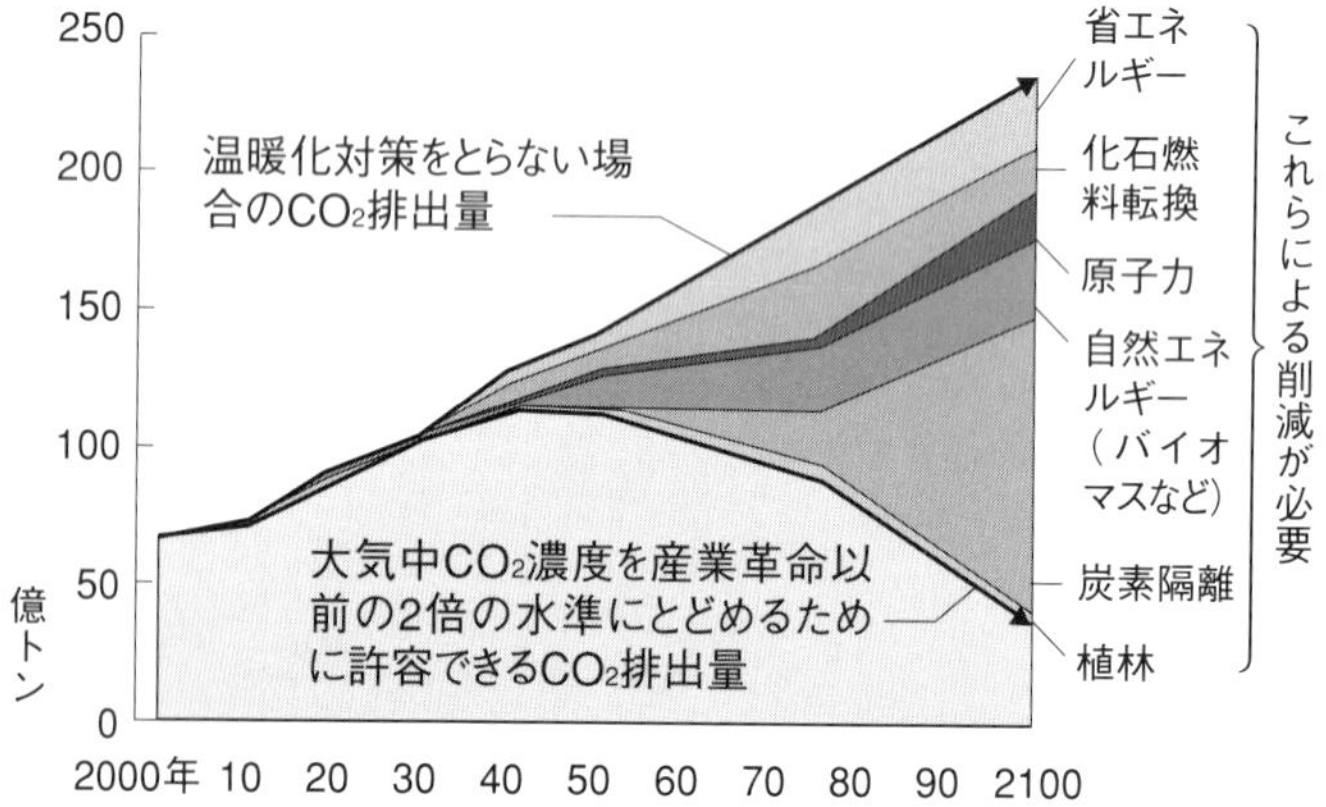

（「地球環境産業技術研究機構」による）[21]

決定により批准した。

京都議定書の発効条件は締約国の五五カ国以上が批准し、批准した先進国の一九九〇年のCO_2排出量の合計が先進国総排出量の五五％を超過しなければならないが、〇三年二月時点で一〇四カ国が批准し、ロシアを含めたCO_2排出量は六〇％以上に達する見込みだったが、ロシアが批准したので、〇五年二月一六日に発効した。

b・アメリカが参加せず、中国、インドなどが削減義務がないという問題点
「世界最大の温室効果ガス排出国であるアメリカが入らない枠組みでは、温暖化対策として十分ではない」という意見は日本国内にも強い。一九九〇年のCO_2排出量について、アメリカは先進国グループの三六・一％を占めるという数字もある。

また、CO_2排出量で中国は世界第二位、インドは第六位であるほか、総じて、先進国を含む世界全体に占める途上国のCO_2排出量比率が増加している。

経済産業省の調査によると、エネルギー起源のCO_2排出量は、二〇〇〇年ではOECD加盟国が世界全体の五〇％を占め、途上国は三九％のシェアであるが、二〇年になるとほぼ同等の比率となり、三〇年には途上国が四七％、先進国が四三％と逆転すると見通している。

中国では一次エネルギー供給の中で石炭の割合が大きく、二〇〇〇年のエネルギー比率は全体の約六割。また、自動車など輸送需要が増して石油の構成比率が高まり、石油、石炭の消費

増でCO_2排出量が増大した。

インドも、経済成長と人口増加によってエネルギー消費は今後、平均二・二%／年で増加すると見なされている。

これまでのCO_2など温室効果ガスの蓄積が主として先進国のエネルギー消費によるとの主張から、京都議定書では途上国について規制しないことになったが、将来は見直される可能性を有している。

なお、数値目標が達成できない場合は、未達成分の三〇%増の数値を次の約束期間に上積みすることになっているが、罰則規定については、今後の討議で決められる。

京都議定書の枠組みからアメリカとオーストラリアが参加しないこと、中国、インドなど、大量の温室効果ガス排出国が開発途上国であるという理由で温室効果ガス削減の義務を免かれているので、京都議定書の枠組みの中で京都議定書の規程の制約を受けるのは日本、EUなどの先進国のみである。

このような、議定書の制約を受ける国々の温室効果ガス排出量の割合は、二〇一〇年で三二%、二〇二〇年で二九%程度と推測されている。

このような状態なので、京都議定書を批准し、誠実に温室効果ガス削減に努力する国の有する比重が少ないという大きな欠点を持っている。

c．今後の大きな課題―開発途上国とアメリカの参加

今日、温室効果ガス排出の約四割は開発途上国によると算定され、また、アメリカは世界の排出量全体の約一／四を出していると推定されている。議定書では開発途上国には排出抑制の義務がなく、アメリカは京都議定書に参加せず、またCO_2排出量では世界の六・二％という大きさを持つロシアは現状維持が認められていることから、当面、温室効果ガス削減のために努力しなければならないのは日本、EU諸国、カナダ程度という状況である。

〇二年十月末から十一月一日まで、ニューデリーで開かれたCOP8会議でも、例えばインド代表のバジパイ首相が「貧困問題を抱える途上国に一律の約束を課すような議論には到底納得できない」と主張するなど、先進国側の開発途上国側にも温室効果ガス排出削減をになわせようとする努力は実を結びそうにない。

開発途上国側として、京都議定書の体制の一つの魅力は、クリーン開発メカニズム（CDM）によって、先進国が開発途上国で実施する温暖化対策事業（これにより自国内での排出のためのクレディットを得る）で、相当の資金が開発途上国内で使われる見込みであることだ。

（京都議定書の評価をめぐって）

［開発途上国側の批判］

●一九九〇年レベルに安定化するという目標を達せなかったばかりでなく、排出量が増加している先進国がほとんどであり、排出削減努力が不十分である。

●開発途上国が気候変動による悪影響に適応するために必要な技術移転など、実施面での先進国側の援助が不十分である。

●気候変動に対応するためにとられる先進国の措置の産油国などへの経済的悪影響への配慮が不十分。

●先進国が途上国に温室効果ガス削減のための新たな義務を課すような将来のプロセスの対話には応じられない。

［先進国側の主張］

●京都議定書は温室効果ガスの濃度を気候系に悪影響を及ぼさない水準に安定化するという条件の究極の目的に対しては小さな第一歩に過ぎない。

●気候変動に対して世界全体で取り組んでいくことが重要であり、早急に二〇一三年以降の対策について検討を開始すること。

●将来の取組みについての対話開始が途上国の削減目標導入にすぐつながるものではないこと。

日本としては、CDM制度の体制下で、開発途上国において原発を建設した場合、これを日本国内でのCO_2排出の削減と算定されるよう主張してきたが、ＥＵの反対などによって実現されていない。

d・京都議定書をめぐる取引

〇三年六月、ＩＰＣＣ事務局は日本やアメリカ、ＥＵ加盟国などの西側工業国にロシア、東欧諸国を加えた先進国全体の温室効果ガス排出量は各国が計画中の対策をとっても、二〇一〇年には二〇〇〇年から約一〇％増加するという見通しを発表した。とくに日本、アメリカ、欧州の排出量は二〇一〇年までに二〇〇〇年から一七％も増加すると予測している。

さらに、〇三年一二月、ミラノでのＣＯＰ９会議に際して、ＩＰＣＣ事務局は、先進国全体の温室効果ガスの排出量が、二〇一〇年時点では京都議定書で義務づけられた削減目標を二割近く上回る見通しであることを示した。

事務局の推計によると、二〇一〇年の先進国全体の排出量は一九九〇年を一〇・二％上回り、議定書が定めた五・二％の削減義務に遠く及ばない。[22]

内訳は日本が五・七％増（議定書の目標は六％減）、ＥＵ（欧州連合）が〇・六％減（同八％減）、カナダが二六・八％増（同六％減）、ニュージーランドが二〇・四％増（同〇％）、ノルウェーが二一・六％増（同一％増）。主要国・地域が軒並み削減目標を達成できない予測になった。

議定書の批准が遅れていたロシアは一一・一%減（同〇%）と目標を達成できる見込み。議定書の枠組みを離脱した米国は三二・四%増（同七%減）で、排出に歯止めがかからないという。

京都議定書では、温暖化ガス排出量が増えている国は排出量が減っている国から排出量を購入し、自国の排出量の削減として計上することができる。ロシアは過去十年間で排出量が著しく減少し、その後の若干の増加を考えても、排出量を売ることができる。しかし、アメリカが京都議定書から離脱しているので、ロシアはアメリカが高額で買ってくれる見込みがうすれ、議定書批准への熱意がさめた側面もあった。

ロシアとしてはアメリカの脱退で排出権価格が大幅に下降する見通しであること、ロシアの経済環境改善でロシアの排出権余剰分が減る可能性があること、国内の温室効果ガス排出量を的確に把握するために相当の費用が必要なことなどから、京都議定書の体制に加わる魅力がうすれてきたと判断していたようである。

また、京都議定書の批准国は、排出権取引、先進国相互間の共同事業、先進国が開発途上国で行なう温室効果ガス削減事業を自国の削減に算入する制度も活用して、温暖化防止という目的のための対策を推進しつつあるとき、京都議定書が発効しないままで推移することは大きなマイナスとなることが懸念されていた。

〇三年十二月のミラノでのCOP9（議定書締約国会議第九回会合）では、先進国の温室効果ガス削減分として、途上国で植林活動をした場合の木々が吸収する二酸化炭素（CO_2）量を計上する細則について最終合意した。五年ごとに植林状況をモニターする。これで各国の削減目標を定めた京都議定書の中で、自国内の削減対策を補完するために設けた「京都メカニズム」の運用ルールがほぼ固まった。

「CDM（クリーン開発メカニズム）植林」といわれる途上国での植林活動は、木々の順調な成長を見込んでCO_2の吸収量を計算する。火災や病虫害によって想定が崩れた場合の対処方法が焦点だった。

当初、伐採や焼失などがないか期間を区切ってチェックする案と、損失が出れば保険で補う案とがあった。また、植林で土地の利用が制限され、国の主権を侵されることへの懸念が途上国から起きた。この結果、五年ごとに植林状況をチェックし、最長六〇年まで吸収量に応じて期限付き排出権が生じる仕組みに決まった。

g．京都議定書・第一約束期間以後の対策

京都議定書の第一約束期間である〇八～一二年の五年間については、各国にそれぞれ九〇年比で温室効果ガスの排出を何パーセントか削減することを求めているが、一三年以降はどのようにすべきだろうか。

これについては〇五年から交渉に入ることになっている。現行の議定書方式を延長し、途上国にも段階的に削減目標を義務づけるという主張もある。

現段階では次のような三つの方針が提案され、検討されている。

研究対象となる主な温室効果ガス削減方式

●国内総生産（GDP）対応方式

GDP一定額当たりの排出量を減らす。

米国が〇二年二月に発表した独自の対策で、一〇〇万ドル当たりの排出量を一〇年間で一八％減らすとしているが、GDP成長率を三％と想定しているため、一二年の排出量は九〇年比三五％増となる。

●一人当たり方式

中国やインドが主張している国民一人当たりの排出量に目標を設ける方式。現状での一人当たりの排出量は米国二〇トン、日本九トン、中国三トン、インド一トン。

●歴史反映方式

産業革命以後、先進国が過剰に使ってきた化石燃料の量を勘案し、歴史的な先進国―途上国間の不公平さを削減ルールに反映させようと、ブラジルが提案している。どうルール化するかはまだ研究段階といえる。

(3) 京都議定書の欠点

京都議定書の取決めにアメリカが参画していた時期に、アメリカの主張に配慮する形で、排出権取引、共同実施、クリーン開発メカニズムのいわゆる京都メカニズム、および国内炭素吸収源で取得したクレジットは相互に交換できることが合意された。

これにより、ロシアは一九九〇年代の経済活動の不振によって生じた大量の排出枠の余剰とシンク(sink)と称される炭素吸収活動による排出枠により、排出削減クレジットの巨大な供給源となり得るわけで、ロシアが批准して京都議定書が成立したので、このロシアが有するぼう大な排出枠は議定書運営上の一つの焦点となりそうである。[23]

仮に、ロシアの有する排出枠を経済大国といわれる日本が年間七~八百億円で買い取れば、日本は温室効果ガス排出について制限する必要なく、経済活動への悪影響も出ないとの試算も行なわれている。

しかし、それでは地球全体の温暖化防止に貢献することにはならないであろう。

また、アメリカ、中国、インドといった温室効果ガスを大量に排出している国が参加しないか、規制されないまま、他の諸国に規制を課すことにも疑問点は残されている。

図3－5　二酸化炭素排出量の推移（日本）

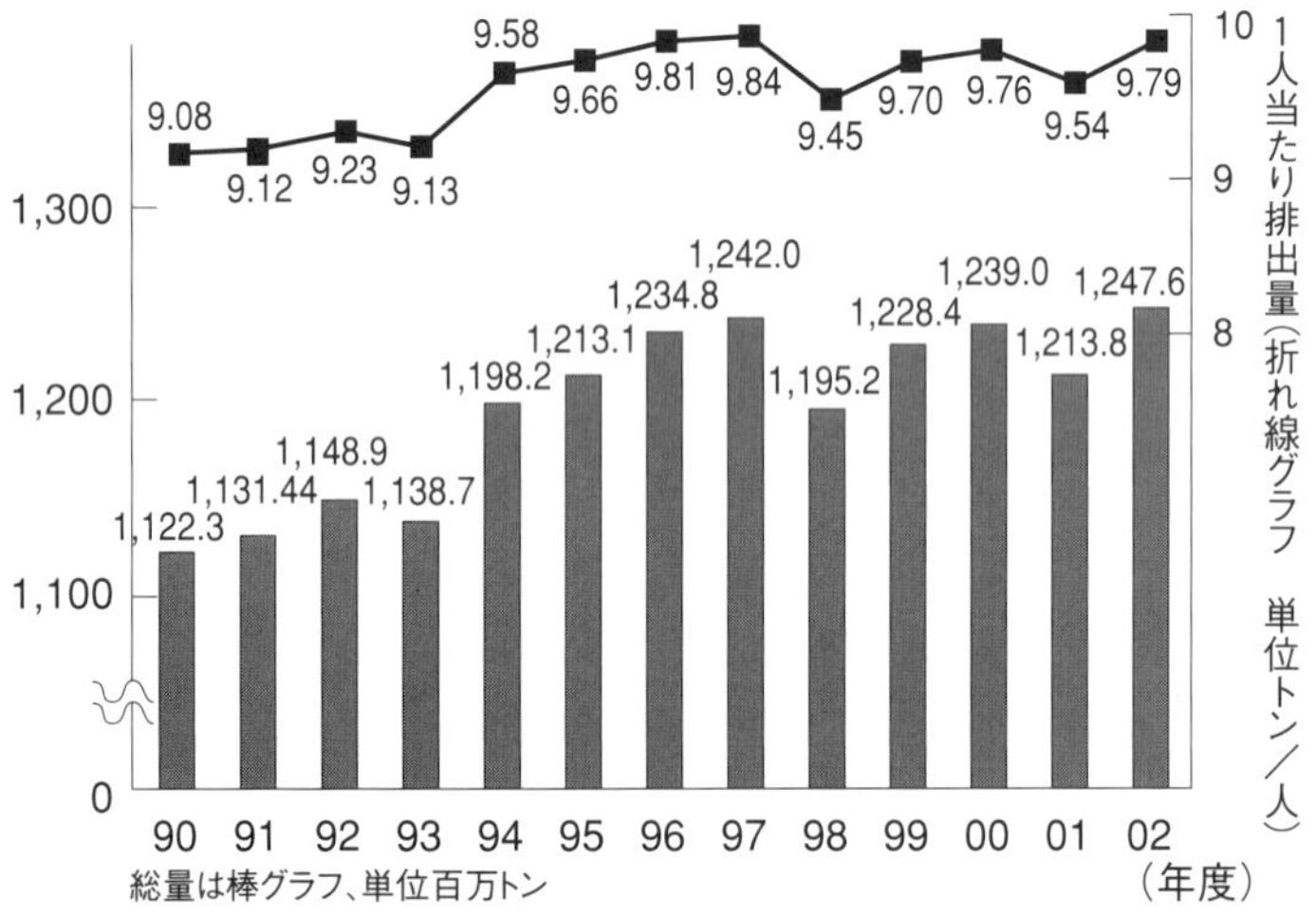

（電気新聞 04.6.15 による）[25]

京都議定書の温室効果ガス削減の目標を達成するために、最も過酷な条件にあるのが日本だと言われている。それは基準となる一九九〇年に比して、有利な条件が日本を除く他の先進国やEUには備わっているからである。

例えばロシアは九〇年代、国内の経済体制の変革に伴う経済の大不況でCO_2の排出量は九〇年の七〇％程度となっていると伝えられ、目標は一九九〇年と同水準なので、容易に達成できるばかりか、他国にホットエアと言われる余裕枠を売ることも可能と見られている。

英国は九〇年代に北海で産する天然ガスへの燃料の転換を進めたために、CO_2排出量は削減できる方向にある。

ＥＵは東欧圏の共産主義体制から自由主義体制への転換に際し、一九九〇年代には経済低迷の故にCO_2排出量は全体として減少したし、東欧圏については省エネ化、エネルギー効率化でCO_2削減をしやすい状態になっている。[24]

そして、アメリカとオーストラリアは議定書に参加しないので、議定書の数値目標の実現のために苦労するのは、日本とカナダぐらいしかないと噂されるのである。

日本の二〇〇二年の温室効果ガスの排出量は対一九九〇年比で約七・六％増加していると見なされており、二〇一〇年前後の第一約束期間に対一九九〇年比で、六・〇％減少させるのは困難という見方が強い。

(4)　なぜロシアは京都議定書の批准を熟考したか？

京都議定書において、ロシアの目標年の数字は一九九〇年と同じであり、現状では一九九〇年代のロシア経済の大不況により、一九九〇年の約六〇ないし七〇％程度の排出量で、目標の達成は容易と見なされている。今後ロシア経済が着実に回復しても、目標年でのCO_2排出量は目標値より一五％程度低く、十分な余裕があると見られている。

しかるに、プーチン大統領が議定書の批准に一度は否定的な態度を示し、批准が決まるまで数年かかった背景には次のような事情があったと憶測されている。

・京都議定書の批准をロシアが世界商業条約（WTO）加盟を果たすための取引きの条件にしようとした。
・アメリカが京都議定書に入らないのなら、ロシアが保有する排出ガス量の余剰値を買い取ってくれる国がないか、あっても、余剰値の相場が低いものとなることを危惧した。
・ロシア政府は経済拡大を最優先の政策目標としており、いささかでも経済成長を抑制する恐れがある条約には加入したくない気持ちがあった。
・国内でCO_2排出量の測定をする設備や行政上の準備のために、大きな出費を伴うことを恐れた。

(5) アメリカの対応の現状

アメリカは二〇〇一年三月二八日、京都議定書の枠組みには入らないことを決めた。アメリカは京都議定書の方式ではコストが高くつき、かつその効果は少ないと見ている。また、温室効果ガスの増加と地球温暖化との因果関係が不明確だと批判する意見も目立つ。

アメリカは、二〇一〇年には米国内の温室効果ガスの排出量は一九九〇年の約三五％増程度と推定しており、目標（七％減）の実現は不可能と判断しているようだ。アメリカでも、〇三年十二月に「温暖化の進行は人間活動が主因」というトレンバース博士の論文が出され、さらに〇四年にも温室効果ガス増加と気温の上昇とは関係があるという内容のレポートがいくつか出されている。[26] アメリカ国内にも、地域温暖化防止のために真剣に取り組むべきだという意見の人たちも少なくない。

アメリカとしては、京都議定書とは異なる手段で温暖化防止に取り組んでいきたいという態度と見られる。[27]

◎アメリカ政府の報告書が人為的影響を認める アメリカが京都議定書の枠組みから離脱した理由の中の諸項目の一つとして、地球温暖化と人為的要因の関係が不明確だということがあげられていた。

しかし、〇四年八月、アメリカ政府の官庁で構成する「気候変動科学プログラム」は「変化する我われの地球」と題するレポートを刊行し、「一九四九年までの気温上昇は（火山活動などの）自然現象に由来するものと見られるが、その後、一九九九年までの気温の変化は自然の変化によるものだけとは考えにくい」と記述し、原因の一つとして、「温室効果ガス」を明示した。[28]

◎アメリカでもCO_2削減に努力 アメリカ政府は国際的な地球温暖化防止対策である京都議定書の枠組みには参加しないものの、州や民間レベルで対策を進めている面がある。カリフォルニア州では二〇〇二年、自動車から排出されるCO_2を規制する法律を制定した。[28]

図3－6　地球の気温上昇の観測結果と火山活動など自然要因による気温変化（米政府報告書より）

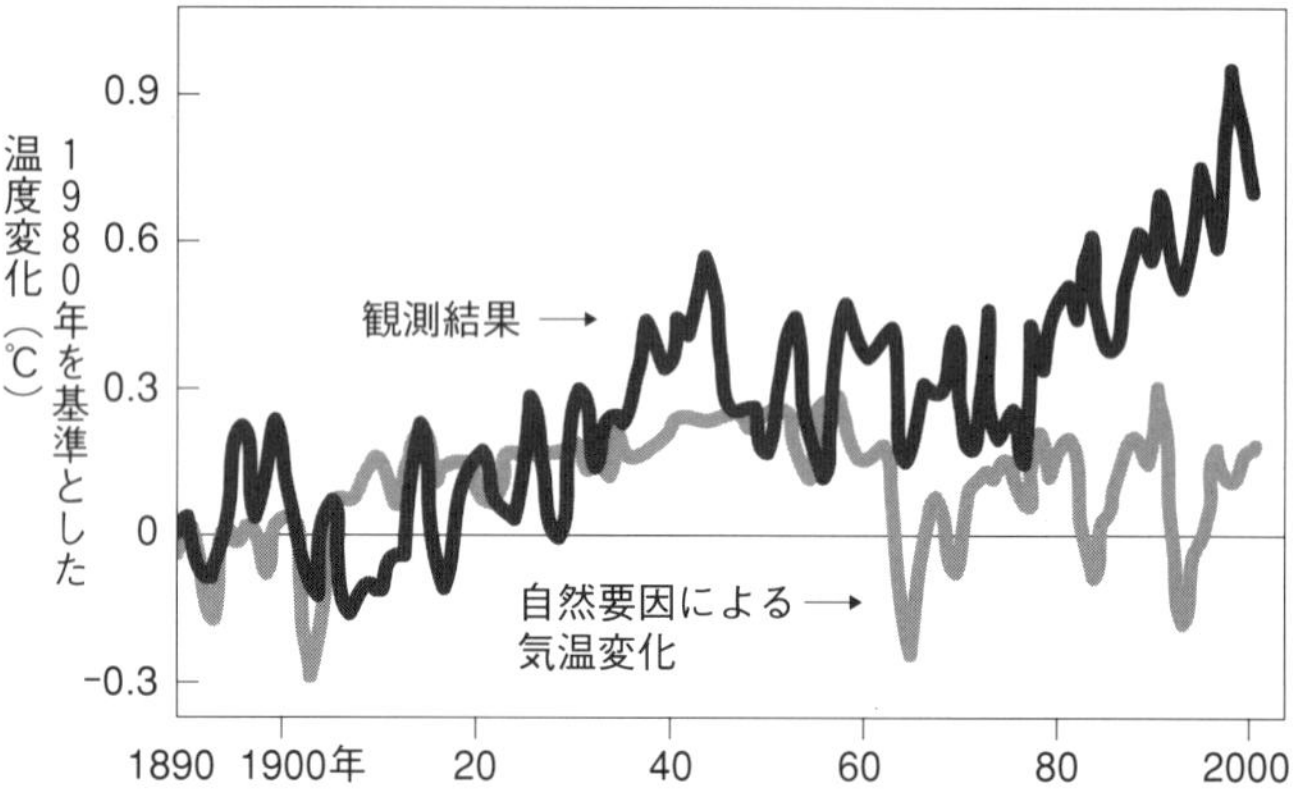

（読売新聞 04.9.14 による）

また、アメリカ主導で主要な先進国を中心にロシア、中国、日本、欧州など一四カ国が策定した国際憲章が〇三年六月に発足し、CO_2を化石燃料から隔離し、地中や海中に固定化する炭素隔離技術を共同で研究開発する運びとなった。

(6)　第一約束期間以降に向けて

京都議定書の第一約束期間は〇八―一二年の五年間であるが、第二約束期間である一三年以降は〇七年までに決定することとなっているが、これに向けて日米政府も若干の動きを見せている。

日本としては、世界最大の温暖化ガス排出国であるアメリカが参加せず、ロシアにとっては有利な目標となっている状況となっている点は不合理だと判断しており、日本政府の経産省がまとめた案によれば、先進国、途上国とも主要排出国すべてが参加でき、また、温室効果ガス削減への取決めが実効性のあるものとすることを目標としている。

また、アメリカも京都議定書の第一約束期間には参加しないものの、第二約束期間（一三年以降）には参加する可能性があり、米国議会で温室効果ガス削減の新しい国際的な枠組みに関する法案が準備されている。

日本としても、二〇一三年以降、第二約束期間でのあり方として、すべての排出国が参加するような体制を作ることを〇四年十二月のアルゼンチンでのCOP10で提案する運びとなった。[29]

京都議定書について二〇一三年以降の戦略については〇五年以降のCOPなどで検討されることになっているが、例えば世界共通の排出基準をつくるなどの提案がなされている。[30]

(7) 「草の根」的な民間の活動

地球温暖化防止の活動については、人びとの自発的な意思が支える「草の根」的な組織も数多く参画している。

これらの運動は啓発・実践活動、大衆運動、政策提言、ロビー活動、自然エネルギー導入などのための事業活動などがあげられる。

地球温暖化問題に取り組むNGO（非政府組織）は数多く、京都会議（COP3−一九九七年）前後から盛り上がりを見せ、政策決定にも活発な提言を行なっている。今後、地球温暖化対策推進法に基づく地球温暖化防止活動推進センターが全国に一つと各都道府県に一カ所ずつ置かれるが、このセンターの運営には環境NGOからも参画することが予期されている。

地方自治体においても環境保全のために市民に積極的に参画してもらう計画を進めている例もあり、例えば敦賀市では、環境保全のために市民会議を構成し、市民サポーター三〇人を選び、環境保護のため活動することを委嘱している。

また「緑」を旗印に政治を変えようと主張する全国の地方議員のネットワーク「虹と緑の五〇〇人リスト運動」は全国的な連帯を強め、全国的な市民運動結集センターの役割を果たすとともに、国際的なネットワークとの連帯をはかっている。

また、市民の共同出資方式によって太陽光発電のような自然エネルギーの促進をはかろうという動きもあり、例えば、福井県の今立町、武生市などの有志でつくる「丹南・市民共同発電所の会」では県、町からの補助金に加えて、三五名の市民の資金拠出によって二五〇万円の資金を集めて、出力三kwの太陽光発電所をつくった。発電した電力はそのほとんどを売電し、出資者に配当金として還元する。

このような「草の根」的な環境保護のための活動は、市民の声と政府と既成政党との意見の交換を強め、協力関係を強めて、日本に新しい環境主義の政治を生み出す可能性を有している。

(8) 自動車中心社会の再考

今日の地球社会で相当に大量の石油、天然ガスを消費させている生活様式として、自動車の利用がある。アメリカは世界一の石油消費国であるが、石油の約半分はガソリンとなり、車両の運転のために使われるなど、交通のために消費されている。

日本でも、今日、約七六〇〇万台の自動車があると推定され、国民の生活に不可欠のものであるが、筆者が幼い頃だった戦時中はマイカーを保有している人は極めて稀であった。国民のほぼ全てが公共交通機関を利用するか、徒歩で用事を済ませていたのである。

自動車の利用による温室効果ガスの排出量の増大が著しく、かつ資源的にも浪費であるので、自動車万能の世界をいくらか是正することが絶対に必要である。

今日でもニューヨーク、東京など大都市の中心部ではほぼ十分な公共交通機関のサービスが得られている例があり、これらの都市ではマイカーなしでも生活し得る状態といえる。

最大の石油消費国アメリカで、その使途の半分近くにもなる自動車の削減をはからなければエネルギー節減へ踏み出せないであろう。[31]

4　京都議定書の目標は達成可能か？

(1)　日本にとって困難視される京都議定書の目標の実現

九七年十二月、京都で開催されたCOP3で、「京都議定書」が採択され、日本は二〇〇八〜二〇一二年に九〇年比で、温室効果ガスを六％削減するという目標を課せられた。二〇〇二年に日本政府は「地球温暖化対策推進大綱」を作成し、表3 - 2のような項目別の数値目標が作られた。[32]

森林吸収についてはCOP6あたりで、日本が強くその組入れを主張し、ほぼその主張が認められ、日本にとって有利な判断が下された。[33]

新計画以前の大綱の各項目の中で実現が最も困難と見られていたのは、エネルギー起源CO_2の対一九九〇年比同レベルと、国民各層の努力による対一九九〇年比一・四％削減の二項目であった。

エネルギー起源CO_2の同レベル維持については、①原子力発電増設　②省エネルギー技術

③新エネルギーの増強の三つの重点対策による効果が期待された。原発の新設は二〇一〇年までに一〇～一三基としていたが、電力需要の伸び悩みと電力自由化の影響、それに加えて原発立地候補地点での承諾の難航などの理由で、総合資源エネルギー調査会・需給部会で二〇一〇年度までの新設は四基との見通しに変更された。また、新エネルギーによる寄与も期待しうるほどではなく、従って一九九〇年に比して二〇一〇年にはエネルギー需要そのものが約二〇％増大するのに、CO_2排出量を同レベルに抑制することが困難視されるにいたった。

また、国民各層のエネルギー消費節減努力による一・四％削減についても、むしろマイカーの所有数の増大、マイカーのサイズの増大、冷暖房やパソコン機器の利用の拡大に見られる民生用エネルギー消費の増加傾向により、削減は不可能との観測が有力となっている。

かくして、日本として、京都議定書目標数値の実現は極めて困難と見られる現状である。[34]

〇四年七月、環境、経済産業、国土交通の三省が協議し、CO_2など地球温暖化ガス削減の分野別新目標と対策の原案がまとまった。

産業部門で九～一二・四％減という、かなりの削減目標となっているが、運輸、民生部門では大幅な増加となっており、事実上、政府官庁が、京都議定書の目標の実現を断念したかと思われるような目標値となっている。[35]

(2) 温室効果ガスの具体的削減手段

二〇〇八～一二年の五年間の年平均温室効果ガス排出量を、一九九〇年に比して六％削減するという日本政府の目標をいかに実現するかについて、経済産業省やその関係の審議会は表3‐2のような削減計画を示している。

すでに、〇二年にはCO_2排出量で一九九〇年の約一一％増（温室効果ガスでは七・六％増）となっており、〇四年のCO_2排出量がかりに〇二年と同じ程度としても、一九九〇年のレベルにするには温室効果ガスについて、現状より一四％程度は削減しなければならないことになる。

〇四年六月に経済産業省が作成した京都議定書による対一九九〇年比六％削減の項目別具体策では、革新的技術開発や国民努力によって［－二・〇％］、土地利用の変化と森林活動による吸収［－三・七％］、排出量取引、共同実施などの活用で［－一・八％］となっており、この三項目が重点的な努力目標となっていた。革新的技術開発と国民努力による成果は保障されたものではなく、また森林活動による吸収、排出量取引、共同実施についてはどの程度、国際的に承認されるか、なお不明確な要素もある。〇五年に入り、表3‐2に見るような、新しい削減計画が示された。[36]

さらに、一九九〇年に比して現在までのCO_2排出量の増分は、国民による省エネ努力によ

表3－2　現大綱と目標達成計画の6％削減の枠組み

	大綱	新計画
エネルギー起源のCO_2	±0%	＋0.6%
産業	▲7.0%	▲8.6%
民生	▲2.0%	＋10.8%
運輸	＋17.0%	＋15.1%
非エネルギー起源のCO_2、メタン、一酸化二窒素	▲0.5%	▲1.2%
代替フロン等3ガス	＋2.0%	＋0.1%
革新的技術開発、国民の努力	▲2.0%	（※）
森林吸収源	▲3.9%	▲3.9%
京都メカニズム	記載なし	▲1.6%

※革新的技術開発・国民の努力は、エネルギー起源のCO_2に含める　（日本政府の発表した文書による）

表3－3　分野別のCO_2の排出目標（2010年度の1990年度比増減率%、▲は減）

	産業部門	運輸部門	民生部門	主な削減対策
環境省案	▲12.4	17.2	16	・環境税導入 ・大規模事業者に排出枠を設定、削減を義務づけ
経産省案	▲9	15	12	・省エネの推進 ・原子力発電所の稼働率向上 ・低公害車の普及促進
国交省案	—	18〜21	—	・荷主と物流業者の連携強化 ・自動車の燃費基準の見直し
現行大綱	▲7	17	▲2	・省エネの推進 ・原子力発電所の新設

（日経新聞 04.7.16）

って一九九〇年レベルに戻すという前提だとの説が強いが、これも実現しうるかどうか不明確である。

日本の環境省は〇五年度に向けて、改めてスタートする「地球温暖化対策推進大綱」に、①石油・石炭などへの環境税課税、②企業を補助金で温室効果ガス削減へ誘導する「自主参加型国内排出権取引制度」、③一定規模以上の工場などに対する温室効果ガス排出量の報告・公表制度を織り込みたい意向のようであるが、これらに対する産業界の反対は強い。[37]

〇四年八月、日本政府はCO_2など、温暖化ガスの排出量抑制に向けて、全国を九つのブロックに分けて、地域ごとに対策をつくって推進することとした。

全国に九つできる地域本部には経済産業省、環境省など国の出先機関のほか、県、市など地方自治体や電力・ガス会社を中心とする産業界やNGOなどが参加する。

なお、補助金の取扱いは各省庁によって

表3－4　地域エネルギー環境対策本部（仮称）

〈組織〉
・北海道～沖縄まで全国9ブロックに設置 ・都道府県、市町村、産業界、電力・ガス会社、消費者、NGO、地方経済産業局などが参加
〈検討項目〉
・地球温暖化対策計画の点検と改善に向けた助言 ・関連事業や補助金制度の効果の検証 ・自治体と企業による推進事業の仲介 ・地域のCO_2排出量やエネルギー需給の分析

（日本政府発表による）

異なることになるという。

対策を地域別に実行するのが適策ということで、この方策をとるのであろうが、地域ごとの事情もあろうし、目標をいかに設定するかといった問題点も出てくるであろう。

環境省は〇四年八月、CO_2や代替フロンなどの温室効果ガスの排出量について、市場原理を活用して、企業が互いにやりとりしながら削減する国内排出量取引市場を〇五年度から創設する方針を決めた。

企業は削減目標をかかげて自主参加し、目標を達成すれば省エネルギー設備などの補助金が受けられる仕組みであるほか、削減に余力がある企業が削減に苦しむ企業に対して余剰枠を売ることで、全体として無理なく確実に目標が達成できることを狙っている。

環境省では、環境税の新設と国内排出量取引の実施が不可欠と見て、このような動きを示したのであろうが、日本経団連などでは、「最初は自主参加でも、いずれ産業界全体を対象とした排出上限の設定につながる」と、導入に批判的な立場を示している。[38]

(3) 二〇一〇年のエネルギー起源CO_2排出量（日本）は一九九〇年並みにするのが精一杯！

京都議定書の発効がついに実現したが、一〇年（京都議定書第一約束期間の中心年）で、エネルギー起源のCO_2排出量を一九九〇年並みとするのが精一杯で、一九九〇年比マイナス六%にはとてもとどきそうにないことが、総合資源エネルギー調査会需給部会の調査で示唆された。

このレポートは〇四年六月に発表されたもので、前回の需給部会では、一〇年には対一九九〇年比でエネルギー起源のCO_2排出量は五%増となるとの見通しであったが、さらに追加対策をとることで、目標をよりきびしくして、対一九九〇年比で一〇年には同水準という見通しが示された。

環境省案、経済産業省案とも、産業、貨物、転換（発電などのエネルギー転換）の部門では対一九九〇年比でマイナスとなるが、その他の部門では増量せざるを得ないとの見通しとなっている。

要するに、精一杯の努力をしても、一〇年のエネルギー起源のCO_2排出量は、一九九〇年並みとする程度にしかできませんよというメッセージだとの印象を与えかねない。

5　温暖化対策の技術的可能性

(1)　技術的な対策も重要

地球温暖化対策を推進する上で、技術上の対策にも力を入れる必要があることは当然である。

長期的に見たエネルギー供給上の大命題として、環境上の観点からのみならず、いずれは枯渇すると見られる資源である石油、石炭、天然ガスを再生可能エネルギーで代替していくという困難な大事業を達成することが、人類にとっての責務となろう。

また、技術的な困難さを克服して、物質循環型システムを達成することも重要な課題であり、例えば、ビルの冷暖房システムを地下熱交換型として、冷房によって外部に排出された熱を再利用するようなシステムの構築が考えられる。

自然エネルギーの活用の面で研究すべき課題として、高温岩体発電、深層地熱発電などがあり、これらの新分野で成功を収めることが、相当に大きな成果をあげる可能性もある。

エネルギー節減、効率の向上も重要な課題であり、例えばアメリカをはじめ世界各地でおおいに利用されている自動車について、車体の軽量化、タイヤ改良、平均耐用年数の延長などによって、エネルギー消費効率の向上が実現するだろう。[39]

(2) CO_2ガスの油田への封じこめ

地球温暖化の原因となる二酸化炭素（CO_2）を地下深く封じ込める基礎技術の開発に、日本も一部出資する国際エネルギー機関（IEA）と、カナダ、米国などの国際共同プロジェクトチームが〇四年九月までに成功した。

カナダのサスカチワン州の油田の地下に、すでに約五百万トンを注入、地上にほとんど漏れず安定的に貯留できることを確認。チームは「CO_2注入で油田からの原油産出量を一〇%程度増やすことにも成功しており、経済的にも有望だ」としており、将来の地球温暖化対策技術として期待されるCO_2の地下貯留技術の実用化に向け、一歩前進した。[40]

(3) 「新技術でCO_2など温室効果ガスの制御も可能」——IPCCの作業部会がレポート

地球温暖化対策について協議するIPCCの作業部会は、現在の環境技術を最大限に活用すれば、一〇～二〇年後でも温室効果ガスの排出を二〇〇〇年の水準以下に抑えられるとしたレポートをまとめたが、その実現のためには経済、政治など多くの分野で新技術導入を促す制度改革が必要と示唆している。具体的には風力発電やハイブリッド車、燃料電池などの技術をとりあげる一方、森林や農耕地の植物などの充実で、上記の目的が達成できると指摘した。

(4) CO_2地下貯蔵技術に意欲を燃やすアメリカ

アメリカ政府は温暖化対策の切り札として、発電所などから排出されるCO_2の分離、貯蔵技術の開発を加速する。排ガスから回収したCO_2を地底に封じこめる。このための研究開発費として九〇〇〇万ドルを投じ、官民共同で実用化を目指す。

アメリカではエネルギー省が中心になって数年前からCO_2の分離・貯蔵のための基礎的な技術開発に取り組んできた。

具体的なプロジェクトとして、アメリカン電力とバテル研究所が中心になってオハイオ州で大規模なCO_2地下貯蔵試験場の選定を進める。また、技術の実用化に向けて全米各地で一〇の官民協力事業を立ち上げる。

アメリカ・エネルギー省によると、この技術が実現すれば、アメリカの今後一〇〇年分のCO_2を地下に貯蔵できるはずだという。[41]

また、ブッシュ大統領は〇三年一月、国際的な開発競争が続く燃料電池車について、「アメリカが開発をリードできるよう、研究費として一二億ドルを投入する」との方針を明らかにして、トヨタ自動車とホンダが先行しているとされる燃料電池車の開発に、アメリカの自動車メーカーが追撃できるよう後押しする姿勢を示した。

(5) 火力発電からのCO_2を新燃料の合成に利用

二〇〇二年十一月、関西電力はLNG燃焼の南港発電所で三菱重工業と共同で、排ガスから回収したCO_2を水素と反応させ、新燃料として期待されるディメチルエーテル（DME）を合成することに成功した。DMEは人体に無害で、現在は化粧品などのスプレー缶に封入する噴射剤として利用されており、将来的にはLPGや軽油に代わる新燃料として期待されている。

しかし、現段階ではDMEの合成に必要な水素を安く調達することが困難で、コスト上の難点をかかえている。

(6) 自動車にバイオ燃料を促進

経済産業省は、バイオマス製の低濃度アルコール混合燃料の自動車への利用を促進するため、〇三年の通常国会に揮発油等品質確保法改正案を提出した。

海外では自動車燃料へのバイオマス利用が進んでおり、アメリカではトウモロコシが原料のアルコールを一〇％混ぜたガソリンのシェアは約一割で、ブラジルではサトウキビからつくるアルコールを二二％前後混ぜた燃料が九割近いシェアを占める。両国で製造、輸入される自動車は混合燃料が使えるよう素材などが強化されている。

日本では、現在市販されている自動車にそのまま使えることを前提に基準を決める。

(7) 風力利用、海水から水素をつくる計画

環境省は〇三年一月、CO_2を出さないエネルギーとして注目される燃料電池の普及に向けて、海上に建設する風力発電所で海水を電気分解し、燃料となる水素を取り出すシステムの開発に〇三年度から取り組むことを決めた。

燃料電池のために必要な水素の供給源として、温暖化への寄与が高いメタンガスや天然ガス、ガソリンなどに頼らず、自然エネルギーの風力で水素をつくる計画である。

この案によれば、風が強い海上に大型浮体物を設置するなどして発電所を建設し、海水から水素を取りだすことになっており、「真の再生エネルギー・システム」が実現すると期待されている。

6　温暖化対策税（新設）をめぐる論議

　環境省は、経済産業省の新たに石炭課税を含めるエネルギー特別会計の枠内での改正だけでは京都議定書の対応のためには不十分だとして、別個に温暖化対策税（または環境税、炭素税）の新設を意図している。

　産業界としては、〇三年一〇月から石炭への課税が始まった（石油・石炭税として改組）のに加えて、さらに温暖化対策税が新設されることに強く反発している。「環境税のような規制は不要だ。先ず税ありきの議論には賛成できない」「自主行動計画による取組みで二〇〇一年度の温室効果ガス排出量は一九九〇年度比三・二％削減できた。国際競争力を削ぎ、産業の空洞化を招くような環境税には反対だ」といった声が、経済界の幹部から発せられている。

　中央環境対策審議会のこれまでの審議では、なるべく税率を低く抑えること、税収の使途を温暖化対策の予算に振り向ける目的税化すること、また、国内排出量取引や産業界が自主的に政府と温暖化対策の協定を結び、減免措置を受ける自主協定制度などの政策との融合措置も検討されていると伝えられる。

このように、温暖化対策税（または炭素税）については、政府の温暖化対策大綱など、政策面との関連性もはらみ、複雑な問題を含んでいる。[42]

環境税の導入の論議は数年前から繰り広げられてきたが、〇四年末時点で、最もこの導入に積極的なのは環境省で、その主張は、環境税徴収方式が公平性、効率性、確実性のすべての点で他の施策に比して有効と結論づけて、税率はガソリンについては一リットル当たり二円、上流課税により徴税することを提唱している。この税収をすべて温暖化対策にまわせば、温室効果ガスの削減に十分な効果が得られると結論づけている。

環境省による、この基本的な案によると、この「炭素税」は石油、石炭、天然ガスなどすべての化石燃料を対象に炭素含有量に応じて課税し、炭素一トン当たり二四〇〇円の税率で、ガソリンの場合は一リットル当たり約一・五円と想定される。

税収は年間約四九〇〇億円と想定され、省エネルギー技術や燃料電池車の普及などに使われ、自治体の温暖化対策を促進するため、一部は地方の財源とするとされている。

環境省では、このような施策で、CO_2排出量を一九九〇年比で約二％削減できると試算している。[43]

この新税により、マイカーを保有する平均的な家庭で、一年間三〇〇〇円程度の負担になるという。

環境税（炭素税、温暖化対策税など）の導入を主張する理由として、「①国民の自主的な協力を求める形でいろいろな対策を実施しても効果があがるとは限らず、課税方式の方が具体的な成果をあげやすい。②税収を種々の温暖化防止対策のために用いれば効果がある。③ヨーロッパなど、諸外国で導入している例が少なくない。④特定の組織やグループ、階層にかたよって負担を求めるのではなく、一律に幅広く負担を求めることになり、平等感がある。⑤化石燃料に対する課税により新エネルギーなどへの転換が促進できる。」などの諸点をあげている。

さらに、環境対策とは直接関係がないものの、今日の日本の国家財政が莫大な赤字に悩んでいることから、税収の増加という面から環境税の導入を歓迎する意見もある。

◎根強い環境税への反対論　環境税には経済界をはじめ、経済産業省など反対の声をあげている例が多く、与党である自民党内にも反対の声が強い。

反対論の論拠

① 温暖化防止対策としては多岐にわたる手段が検討されるべきであり、炭素の消費に課税するのは最も安直な対策である。

② 環境税が導入されることで、工場などが日本から国外に移転するケースが増えて、日本経済の弱体化を招く。

③　日本の製造業はきびしい国際競争にさらされており、新税を課すことは競争力の劣化を招く。

④　すでに石油・石炭税、揮発油税、航空機燃料税、電源開発促進税など、環境税に似た税が課されており、二重課税の恐れが出てくる。

⑤　環境税が実現した場合、税収の使用目的が明瞭でない。

京都議定書の目標を実現するために、環境省は税収四九〇〇億円／年程度の環境税を課すことを前向きに検討しているが、経済産業省や産業界は環境税には反対し、省エネルギーなど種々の対策をたてることで、目標は実現できるという意向を示している。

このほか、環境対策をめぐっては環境省と経済産業省との間で意見の相違がある。例えば、環境省はいわゆる京都メカニズムの一つである排出権取引について、日本として目標を達成させる一つの手段として肯定的なのに比して、経済産業省サイドには「排出権取引は他国に資金を移転するだけで、地球温暖化対策としては実質的に貢献しない」と消極的な姿勢を示している。このような経緯をたどり、〇四年末に、環境税の〇五年度の導入は見送られることが決まった。[44]

現在の環境・エネルギー関連の税制にも問題点がある。環境税の導入により年間一兆円程度の税収を見込んでいるが、現行の石油・石炭関係の税や電源開発促進税が約五兆二〇〇〇億円ある中で、道路の整備に使われる割合が多いのである。道路を多く建設して自動車の渋滞を避けることがエネルギー資源の浪費を避け、環境の悪化を防ぐという趣旨であるが、道路を多く建設することでガソリンをより多く使うという側面もあると考えられるのである。

より本質的な問題であるが、京都議定書が主張する、CO_2など温室効果ガスの増加が地球温暖化の原因という説について、永年にわたって、疑問が投げかけられてきたことも事実である。この因果関係については今後も真剣に調査すべきであろう。

注

1　日経新聞（04・2・4）
2　中日新聞（03・10・10）
日経新聞（03・10・12）
3　朝日新聞（04・8・3）
4　県民福井新聞（04・7・23）
5　朝日新聞（04・2・24）
6　産経新聞（03・7・2）
7　福井新聞（04・5・10）
8　毎日新聞（02・1・7）
9　朝日新聞（04・2・4）
10　読売新聞（03・10・6）
11　「地球温暖化予測がわかる本」より
12　産経新聞（03・7・2）
13　日経新聞（04・9・26）
14　IPCC第三次レポートより
15　「地球温暖化の時代」より
16　「地球温暖化論への挑戦」より　P．288
17　「地球温暖化論への挑戦」より　P．194
18　日本評論社「地球温暖化」より
19　「地球温暖化論への挑戦」より
20　日経新聞（04・10・28）
日経新聞（04・10・1）
21　RITEの資料による

22　日経新聞（03・12・12）
23　日経新聞（04・2・19）
24　先進国のCO$_2$排出量——一九九〇年環境省資料による
25　電気新聞（04・6・15）
26　福井新聞（03・12・4）
27　日経新聞（04・9・10）
28　読売新聞（04・9・14）
29　日刊工業新聞（04・8・30）

30　日経新聞（04・10・29）
31　日経新聞（03・7・10）
32　日刊工業新聞（04・7・29）
33　中日新聞（01・6・7）
34　読売新聞（04・5・18）
　　日経新聞（03・11・27）
35　日経新聞（04・7・16）
36　毎日新聞（04・3・18）
37　朝日新聞（04・10・28）

38　日経新聞（04・9・24）
39　日刊工業新聞（04・6・9）
40　中日新聞（04・9・23）
41　中日新聞（04・9・23）
42　日刊工業新聞（04・6・17）
43　読売新聞（04・11・10）
　　電気新聞（04・9・28）
44　朝日新聞（03・8・28）

第四章 電力・原子力発電をめぐる動き

1 電力シフトの傾向は続くが、日本の電力需要の伸び率は鈍化

一次エネルギーから電力に転換して使用に供するプロセスで、発電ロス、送配電ロスという転換ロスが生じるが、それでも電力は多くの目的に利用でき、使用段階では清潔で便利であり、今日の人類の生活になくてはならぬエネルギーの利用形態である。但し、なお世界中で十数億の人びとが電力を使っていないと伝えられる。

人類による過大なエネルギー消費が環境に悪い影響を与えることが懸念されているとき、電気の場合は利用段階では悪影響は基本的にゼロであり、供給段階、とくに発電の段階での公害

対策を十分に講ずれば、環境への悪影響は防止できる。

従って、今後エネルギー消費の中で電力が占める比率を増やしていき、発電段階の公害発生を抑制する対策を充実することは、人類社会の環境対策として有効な一手段といえる。

世界的に、エネルギー消費の中で電力が占める割合は増加傾向を続けており、日本の場合も、今日、一次エネルギー消費の中で電力の形で使われる部分が占める割合は、四〇%強程度になっていると推定されている。

電力はエネルギー資源の中で、石油、天然ガス、石炭といった化石燃料によるのみならず、水力、原子力、太陽光、風力、燃料電池といった種々な方式やエネルギーによっても発電することができる長所を有しており、将来の化石燃料の不足にもかなり対応できる特質を有している。

一九七三年の第一次石油ショックの後に、IEA（国際エネルギー機関）において、加盟国で石油火力発電所の新設をしないという申し合わせが行なわれたこともあって、日本では、それまで発電面で大きな比率を占めていた石油火力は後退していき、原子力、LNG、石炭を使う発電所が新設される傾向となったが、中でも原発の新設が推進され、かくして、日本の発電面では、石油価格の高騰の影響を受けにくい情勢となった。

電気が普及するにつれて、人びとの生活環境は改善された。鉄道では、もうもうたる煙を吐きつつ走っていた蒸気機関車が電気機関車に取ってかわられたことで、快適に旅行できるようになり、かつ、鉄道沿線の生活環境は著しく良くなった。戦時中や終戦直後はガスの供給が十分でなく、薪を燃やして炊事をしていたが、電気釜など極めて便利で、安全な機具が登場して主婦たちを喜ばせた。

かつては、電気を暖房用に使うのは高価すぎるといわれていた。日本が高度成長期にさしかかる頃まで炭火、練炭などが使われ、その後灯油、ガス・ストーヴなどが使われたが、今日、多くの家庭で電気暖房が使われ、冷暖房兼用のエアコン機器をつけている家庭も多い。電力を使うヒート・ポンプの効率の良さと利便性も評価されている。

日本は一九九〇年以来、長期に及ぶ経済不況に悩んできた。その原因として、バブル崩壊に端を発する消費の低迷があげられることが多い。しかし、電力需要は日本経済が不況に入ってからも年率二%弱程度の増加を示すことが多く、低いながら着実な伸びを示してきた。〇五年以降は、二〇一四年までの日本の電力需要の伸びは年平均で電力量で一・二%、ピーク電力で一・五%と想定されており、伸び率の鈍化傾向が予期されている。

一方、電力業界のコスト削減策により、電気料金は低下を続け、例えば関西電力の場合、〇四年に至る最近十年間で約二〇%の引き下げとなっている。

日本の電力消費は戦後一貫して増えてきたが、なお一人当たり電力消費はアメリカの半分で、カナダの二・五分の一という状態で、米加両国やノルウェーなどに比較すると、低いレベルにある。

電力の用途としては、昨今、パソコン、インターネットの順調な拡大があるほか、新型と大型のテレビの普及、冷暖房の電気利用も進んでおり、今後も電力需要は低いペースながら着実な増加が予期されている。

2　原子力発電について

(1)　原子力発電のメリット

一九四五（昭和二〇）年八月の第二次大戦終了後、原子力の巨大なエネルギーを平和のために用いる可能性はないかという問題と取り組んだ末、原子力発電の研究が進み、一九五四（昭和二九）年六月、ソ連が五〇〇〇kwの原子力発電所を完成させたと発表して世界を驚かせた。その後五〇年を経て、世界各国で原子力発電所の建設が進み、日本でも電力の発電量の約三五％を原子力発電が担っている。

原子力発電には一つのプラントで最大一五〇万kwもの大容量の発電ができるというメリット

や、その運転によってCO_2など温室効果ガスを極めて少量しか排出しないこと、設備費の割合が高く、ウラン燃料費の割合が小なので、無資源国で高度の技術を持つ国には有利であるなどのメリットがある。

原子力発電の大きなメリットとして、僅かな燃料で大きな仕事ができることがあげられる。仮に一〇〇万kwの発電所を一年間運転する場合、重油火力ならば、二〇〇万トンの巨大タンカー五隻程度の重油が必要となり、石炭だと約二四〇万トン必要である。これに対して、原子力発電では二酸化ウラン・ベースで計算して、わずか二〇トン程度ですむのである。発電後に残る廃棄物の量も、原子力発電は他の化石燃料系の発電方式に比して、桁違いに僅少である。[1]

また、今日運転中の原子力発電ではウラン資源の僅かな割合しか利用し得ていないが、増殖炉というより進んだ段階とされる原子力発電によって、ウラン資源のはるかに大きな割合を利用することができる期待もある。また、もし将来、人類がエネルギー資源の枯渇で困窮するとき、原子力発電の燃料となるウラン資源は、海水中に極めて僅かな割合ではあっても厖大な量が存在するので、将来もしもこれを効率よく回収する技術が完成すれば、燃料の心配はほぼ不要になる。

〇四年七月、国際原子力機関（IAEA、本部ウィーン）は原子力発電の現在と将来を分析した報告書をまとめたが、この報告書の中で気候変動への影響と経済性などについて他の電源と比較し、多角的、客観的に比較して、原子力が最も有利と判定している。

但し、建設費用の減価償却が進んだ原子力発電については経済性は断然有利であるが、新設の原子力発電は初期投資が厖大で完成までに時間がかかることから、化石燃料系の発電所より初期にかかる費用は高いため、自由化が進んだ市場では建設が進まないと分析している。[2]

(2)「原子力発電は非常に重要」という意見

地球全体がひとつの生命体であるというガイア理論を提唱した英国の科学者ジェームズ・ラブロック博士は、〇四年五月のインデペンデント紙で、「地球温暖化は加速しており、残された時間はほとんどない。非現実的な(再生可能)エネルギーの実験につきあっている余裕などない」と警告し、〇三年夏にヨーロッパを襲い二万人を超える死者を出したとされている熱波に言及した上で、二一〇〇年までに地球の温度が二～六℃上昇するとしたIPCC(気候変動に関する政府間パネル)の予測が実際に感じられるまでになった、との懸念を表明した。そして同博士は、化石燃料に引き続き依存することができないばかりでなく、風力発電などの再生可能エネルギーが十分なエネルギーを供給できる見込みもないと断言し、このような危機を打開するには原子力しか選択肢はないとの見解を示した。[3]

(3)　原子力発電所を新設する上での問題点

地球温暖化対策や過度の海外石油への依存の是正など、原発建設を推進しようとするムードもあるが、逆風も少なくない。

電力自由化や景気低迷によって電力需要の見通しが不透明になり、企業は初期投資が大きい原子力発電所の新設をためらう傾向が強くなっていること、核燃料の再処理や最終処分を行なうバック・エンド事業がまだ完結していないこと、国民の理解を得る上で原子力固有の課題が存することなどが、原子力発電所新設への難問題となっている。

(4)　原子力発電の経済性について

○四年九月、シカゴ大学は原子力発電の経済性について調査研究した結果を発表した。それによると、新しいアイデアを反映した新型原子力発電所を建設する場合、新しい設計などのために特別のコストがかかるため、新型第一号の原子力発電所のコストは四・七〜七・一セント／kwhとなり、石炭火力の三・三〜四・一セント／kwh、天然ガス火力の三・五〜四・五セント／kwhと比べて割高となるが、続いて建設される第二号以下は三・一〜四・六セント／kwhとなり、現状でも、石炭火力や天然ガス火力に比して、コスト面でも対抗できる。

一方、将来、温暖化対策がきびしくなれば、石炭火力は九・一セント／kwh、天然ガス火力でも六・八セント／kwhとなる可能性もあり、原発の方が経済的に優位に立つとしている。

使用済み燃料の再処理については、原子力の優位を損なうほどのコスト上昇を招かないとしている。

また、今後、環境対策として輸送部門などで利用することが期待されている水素をつくるためにも、原発は必要だと評価している。

3　使用済燃料再処理をめぐる問題

日本において、いま原子力発電所で発電されている電力を石油だき火力発電所に置き換えると、日本の石油の消費量は約三割増大すると試算されるように、原子力発電の貢献は大きい。原子力発電は発電面で戦後に導入されたシステムとして相当の実績をあげたと評価できる。

原子力発電所の運転については、五十年間に近い実績を重ねて、ほぼ安定してきたと言えるが、使用済燃料をどのように取り扱うかについては、完全にコンセンサスができているとは言えない。

原子力委員会の試算が〇四年一〇月に明らかになったが、核燃料サイクルコストを比較した数字は次の通りとなる。

全量再処理　一・六（円／kwh）

部分再処理　一・四～一・五（〃）

埋設処分　〇・九～一・一（〃）

当面貯蔵　一・一～一・二（〃）

この表について、仮定条件によっては、埋設処分の方が高く算定されるケースもある。「エネルギー安全保障や環境面などを含め総合的に判断すべきだ」との意見も出されている。

日本の原子力政策を審議する原子力委員会の原子力開発利用長期計画（長計）策定会議では、二〇〇四年に五ヶ月延べ四五時間に及ぶ審議の結果、再処理については、①将来の不確実性への対応、②エネルギー・セキュリティーへの対応、③環境適合性などの点で、直接処分よりも総合的に優位と評価した。加えて、直接処分は日本の自然条件に対応した技術的知見の蓄積が欠如しているため、政策変更した場合、最終処分立地が困難になるなどの課題を指摘している。[4]

再処理をやめた場合、青森県六ヶ所村にほぼ建設が完了している再処理工場を廃止する費用や、使用済み燃料が運び出せなくなることで原子力発電が止まり、代替として火力発電を増やす費用が増えて、発電コストは直接処分の方が高くなるとの試算の例も見られている。

従来から、日本政府や電力業界の基本方針が再処理・リサイクル路線にあったわけであり、再処理路線をもしも変更するならば、国の政策を前提に原子力施設の立地を受け入れた地方自治体の信頼を根本的に損なうことが懸念された。

また、再処理・リサイクル路線の賛成論では、ワンスルーにより使用済燃料のまま超長期に管理することは核不拡散の見地からも得策ではなく、再処理・リサイクルによりウラン資源の有効利用をはかり、高レベル廃棄物の減容をはかることが可能であり、増殖炉利用の道を開くことにもなると主張している。

○四年十一月初めの原子力開発利用長期計画策定会議で、再処理路線を堅持することが確認されたが、今後も核燃料リサイクル政策について国民的な理解を得るための努力が期待されている。

4　増殖炉の開発の可能性と核融合の見通し

(1)　増殖炉

今日、世界で運転されている商業用原子力発電の多くが冷却材として普通の水を使う軽水炉であるが、この炉型ではウラン資源をあまり有効に使うことができない。ウラン資源を軽水炉よりも五〇倍ほども有効に利用できる増殖炉の成功は人類の夢といってよいが、これの実現には克服すべき多くの問題がある。

まず運転上の問題として、炉心の出力密度が高いため、これに耐える機材を開発することに長い年月を要している。次に、冷却材について、ウラン二三八をも燃料として用いるために中性子を減速せずに高速のまま利用するため、冷却材としては減速効果を持つ軽水を使うわけにいかず、ナトリウムが最も有力とされている。

ナトリウムには、熱伝達度が高い、ウラン、プルトニウムとの共存性が良い、という長所があるが、水との化学反応が激しいという欠点があるため、ナトリウム―ナトリウムの二次系熱交換をして、さらに水と熱交換をして蒸気を発生させるというプロセスを取る必要がある。ここで、ナトリウムの取扱いについて十分な実績が得られていないとの懸念もある。また、増殖炉の使用済み燃料の再処理は、軽水炉のそれよりも複雑な問題点があるといわれている。

これまで、世界で数基の増殖炉が建設され、かなりの運転経験があるので、増殖炉は決して夢の中にあるような存在ではない。そして、大きな可能性を有している。

しかし、増殖炉が経済的にも成り立つものとして実用化されるまでには、相当の経験と開発の努力を必要とすると見なす専門家もいる。

(2) 核融合

核融合反応は小さな原子核を融合させることによってエネルギーを得る方法である。太陽のエネルギー源は核融合反応であり、地球上で太陽と同じプロセスでエネルギーをつくろうとするのが核融合開発への努力である。厖大な海水の中に僅かな比率とはいえ重水素が含まれており、核融合の燃料となるので、核融合が成立すれば、人類はエネルギーの心配をしなくてもよくなると言われている。

世界中で先進国を中心に核融合の研究が行なわれてきたが、極めて初歩的な段階であり、核融合の実現まで未だ道遠しという状況である。

しかし、全人類の立場から見て、核融合の持つ大きな可能性を放棄してはならないであろう。

5 進展する電力自由化

(1) 電力自由化の概況

日本において電力自由化の流れが一九九〇年代に加速し、まず一九九五年に電力会社向けに卸電力の入札を行なう制度が開始したが、さらに二〇〇〇年三月二一日を期して大口需要家向け（二〇〇〇kw以上）小売りの自由化が行なわれ、消費電力量で約二六%の電力について自由化の対象となった。これに続いて、〇四年四月には、自由化の対象範囲は五〇〇kw以上の需要家にも拡大され、さらに、〇五年四月には、五〇kw以上の需要家にまで拡大し、この段階で、販売電力量としては、約六三%が自由化の対象となるものと算定されている。

この段階以降の電力自由化のさらなる進展としては、家庭用電力など、低圧供給の小口需要家向けの供給であるが、二〇〇七年以降、全面自由化の検討を行なう方針となっている。

電力自由化の先がけとなった電力以外の企業による電力会社への売電の成功例も、電力自由化時代における電力会社への競争の一つと考えられる。鉄鋼大手の神戸製鋼は一九九六年ごろから神戸市灘区の製鉄所内に石炭だき発電所を建設することを計画し、その一号機は〇二年四月から発電を開始し、（発電機容量七〇万kw）〇三年三月期の連結決算によると、関西電力への売上高は三一六億円で営業利益は一〇五億円という素晴らしい成果をあげ、神戸製鋼グループ全体のドル箱的な存在となっている。

〇四年末ごろ時点で、自由化による大手電力からPPS（特定規模電気事業者）などへの離脱は契約量ベースで二～三%程度と推定される。例えば、東京電力では新規参入者による電力供給は契約量で約一五〇万kwで、とくに、業務用特別高圧という供給種別においては、約三割

図4－1　電力の小売り自由化の流れ

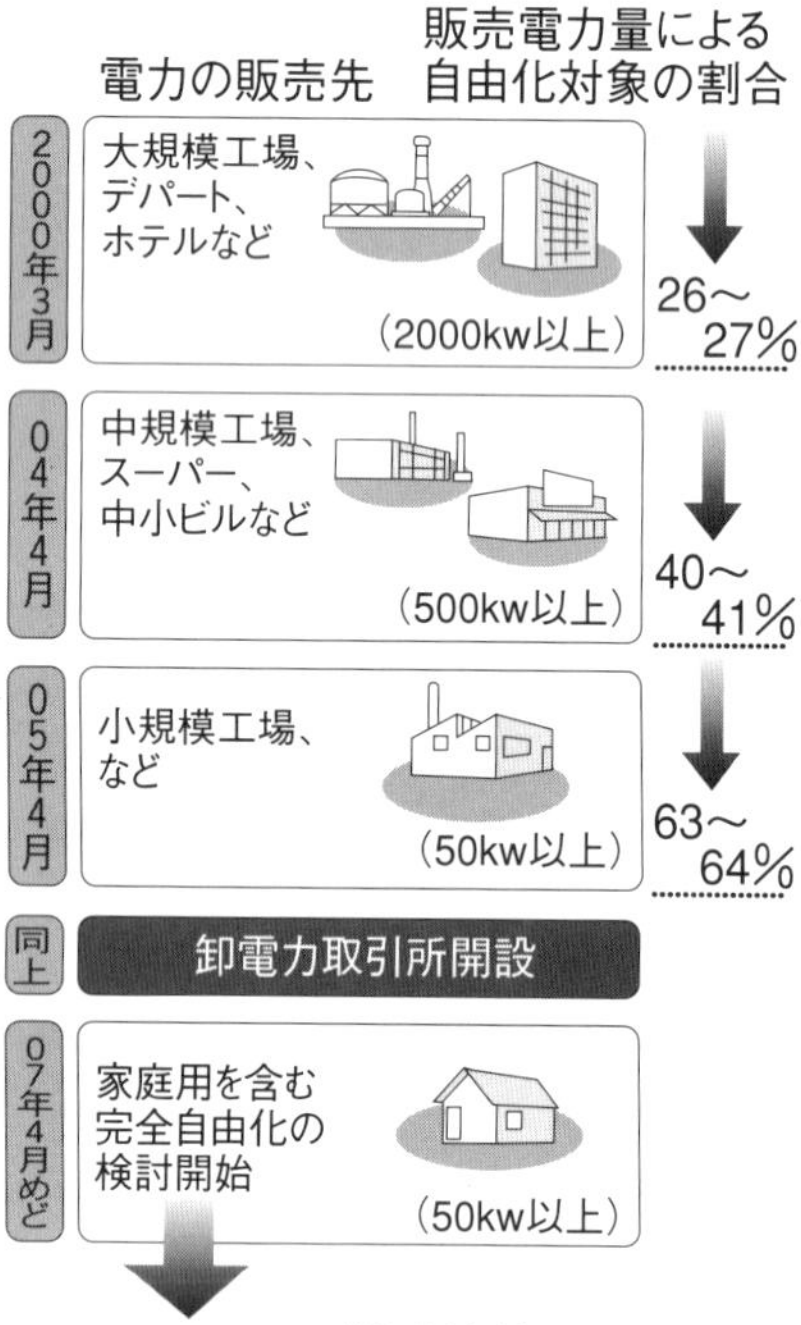

（共同通信社による図に基づく）

弱の顧客が離脱していると伝えられ、[5]関西電力でも〇四年十月時点で約四〇万kwの需要がPPSへと離脱し、業務用特別高圧においては約二〇%が離脱している情況である。〇四年十一月末で全国のPPSの認可出力の合計は五四八万kwと報じられている。

一方、日本の電力需要の約一三%を占めるといわれる自家発電も増加しており、PPSを上まわるような勢いで増加し、全国の大口需要（契約五〇〇kw以上）の自家発電比率は約三〇%と見られている。

大手電力会社においては、自由化への動きとともに競争力を強くするために料金値下げにつとめており、関西電力の場合では〇四年に至る十年間で約二〇%の料金値下げを行なっている。また、東京電力においても、一九八〇年に値上げを行なって以降は、合計で十二回に及び約四割の値下げを行ない、このうち、自由化が始まった二〇〇〇年以降、三回にわたり、合わせて二割弱となる値下げを行なっている。[6]

このように、基本的に日本の電力業界の合理化努力が基礎となっているが、電力自由化を一つのキッカケとして、大手電力会社の電気料金は相当に大幅な下降傾向を示し、産業の振興や人びとの生活のために貢献している。

(2) 日本の電力自由化の狙いとその特徴

ここで日本の電力自由化問題の本質と、その目標及び特徴を明らかにしておきたい。

日本の電気事業は戦後六年目の一九五一（昭二六）年五月に、九電力によるいわゆる発・送・配電の一貫体制が発足し、世界でも最も停電頻度が少ないことなど、良質の電気を供給してきた。その後国際的に見て電気料金水準が高いとの批判があって、レート・ベース方式の料金算定方式の改善を求める動きが出て、一時、ヤードスティック制（目標管理的な手法）が実施されたりした。その後結局、電気事業の特質を考慮しつつ市場原理の導入が必要とされ、二〇〇〇年三月からは電力量で約二六％となる特別高圧供給が自由化された。その三年後の見直しにより、〇五年二月時点では、当初の電力供給の一部自由化の実施、料金規制の見直しなどに加えて、次の諸項目が強調された。[7]

a　発送配電一貫体制の維持

b　ネットワーク部門（送・配電部門）の公平性、透明性の確保

c　広域流通の円滑化（パンケーキ料金［託送するすべての電力会社に振替料金を支払う制度］の解消）

d　分散型電源の促進

e　卸電力取引所及び中立機関の創設

現在、進行中の日本の電力自由化は、例えば九〇年代の後半にアメリカのカリフォルニア州で実施された電力自由化とは、考え方の点で大きな相違があることに注意しなければならない。カリフォルニア州の場合は、既存の大手電力会社を発電部門と送・配電部門とに完全に分離して、発電会社（及び電力会社の発電部門）→電力卸売取引所→電力会社の送・配電部門→需要家というルートで売電される方式であった。（部分的に発電会社から需要家への直接販売も可能）

これに対して、日本の電気事業では、エネルギー資源の大半を輸入に依存するというエネルギー・セキュリティーの観点、高度情報化等を背景とした厳しい供給信頼度の要求、細長い国土で電力系統の連系上の制約があることなどを考慮して、これまで通りの大手電力会社による

発・送・配電の一貫体制を維持することは明確な方針であるが、同時に、大手電力の送配電部門に中立的な要素を持たせて、新規参入事業者が公正なルールによって、顧客獲得のための競争に参画できる体制をとることが可能となった。また、自前の送電線で供給する分散型電源も促進することとなった。

図4－2　取引所創設後の電力の流れ

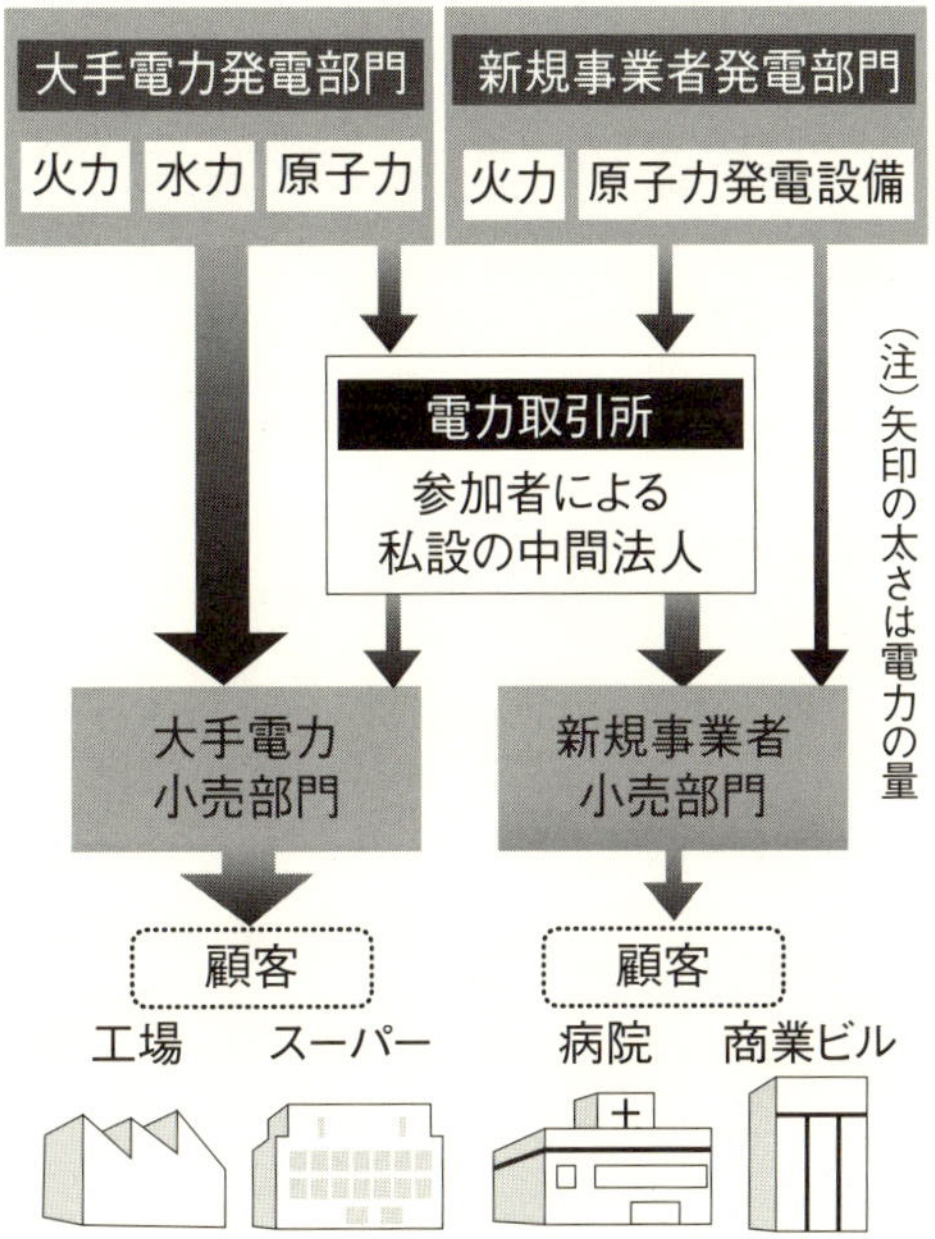

（日経新聞 03.9.19）

このような体制をスムーズに推進するため、卸電力取引所及び送配電部門の運用監視等を行なう中立機関が設立され、○五年に活動を開始する。

日本の政府官庁による刊行物での説明によれば、電力供給を万全にするため、現状の大手電力企業による発・送・配電一貫体制を維持するが、同時に、競争中立性を確保するため既存電力の送配電部門と他部門との会計分離を行ない、公正で平等な条件のもとに競争が行なわれることが目指されている。

電力市場に新規に参入するPPS（特定規模電気事業者）などは、需要家に電気を送るのに大手電力会社の送・配電線を利用するのが通例であり、このコストを託送料金というが、大手電力会社も自由化部門の電気料金の算定に際しては、PPSが支払う料金と同じ託送料金で算定しなければならない。なお、大手電力会社が設定する託送料金は認可制となっており、大手電力が送・配電業務を行なうことの対価として、適正な報酬を得るように料金が認可される。

また、一般社会では知られていない事象だが、電力供給について、電力系統の信頼性、安全性を確保し、周波数維持、電圧維持などを行なうためにアンシラリー（補助的な）サービスという事業が必要であり、この役割をPPSや自家発運営者に期待するのは無理であり、大手電力会社が果たすことになる。この報酬は託送料金の算定の過程で考慮される。

なお、大手電力会社は、その区域の自由化対象需要家のうち、誰からも供給を受けることができない需要家に対しては、従来どおり供給義務を持つとされている。

このように、発電面での競争は全く平等な立場で行なわれるが、電力供給を万全に、円滑に行なうために大手電力会社は責任を有し、これに対する適正な報酬は保障されるというのが日本の電力自由化の基本方針である。

このような基本方針のもとに、電力のより柔軟な利用をはかるため卸売取引所が、送配電業務の正しい運用を見守るために中立機関が設立されている。

一部に日本では大手電力の影響力が強すぎて、電力自由化が実質的に効果をあげないのではないかとの懸念の声も聞かれたが、その後の経緯を見ると、それは心配だおれに終りそうである。

(3) 原子力発電と電力自由化の関係

電力自由化の推進で、建設期間が長い原子力発電の建設は困難になるのではないかとも見られ、地球温暖化対策として有力視される原子力発電の推進を電力自由化の体制の下で、いかに取りはからうかという課題が生じつつある。

電力自由化の旗印の下で、地球温暖化対策のための電源選択が重視されるかという疑問が生じてくる。

そこで、自由化の狙いは生かしつつ、原子力発電のメリットも生かす方策として、原子力発電については別枠として考えるとか、税制面で原発を有利に取り扱うといった提案をする人もいるが、あくまで議論の段階である。

いずれにせよ、自由化による電力価格引下げの狙いと地球温暖化対策をいかに調和させるべきかを真剣に議論すべきであろう。

6 電力卸売取引所の設立について

改正電気事業法が〇三年六月に成立してから、将来、電力自由化が進展する事態に対応するために、〇三年十一月、「日本卸電力取引所」が発足し、大手電力九社のほか、主要な特定規模事業者発電部門が参画して、二〇〇五年四月をメドに運用を始めることになった。この電力取引所に参加する組織の販売電力量は日本の販売電力量の約九割に達する。当面は主力の一八社によって構成され、一五〇〇万円の基金でスタートするが、〇四年夏には基金を五億ないし一〇億円に積み増しして、新たな取引所会員を募集している。

取引所では翌日必要な電力を扱う市場と一ヶ月以上先に必要な電力を月単位で売買する市場を開設し、余剰電力を抱えた会員が専用端末を通じて放出量を提示し、必要とする会員が買いつける仕組みとしている。

電力自由化を進める上で卸電力取引所の開設はいわゆる第三者の市場への介入を促進し、電力を上手に融通するという目的のために補完的な役割を果たすものとして期待されている。

日本卸電力取引所は〇四年八月に事務局長と職員四名とで事務所を開き、二〇〇五年四月には取引を開始する。

取引所では消費者に無駄なく電力を供給するため、電力供給者にとって余剰となった電力の情報を一元的に管理する。余剰電力の売買はこれまで電力会社間の相対取引が中心だったが、取引所を通じて市場取引を活発化させることとなった。かくして、取引所は公正な取引価格のもと、需要の不適合を解消するための販売、調達手段の充実を図り、電源に関する事業者のリスク・マネジメントを補完する役割を担うものと期待されている。

7　中立機関のあり方をめぐって

今回の電力自由化の推進にとって、発・送・配電一貫体制の維持のもとでのネットワーク部門（送配電部門）の公平性、透明性の維持は極めて重要であり、この運営状況を監視し、公平でスムーズな競争が図られるために中立機関（送配電等業務支援機関）がつくられ、有限責任中間法人・電力系統利用協議会が〇四年二月に発足した。

「電気は実態上貯蔵が困難であるとともに、瞬間消費性を有し、瞬時瞬時に需給が均衡していなければシステム全体の機能不全をもたらすおそれがある。このような電気の特性から、短期・長期を問わず電気の安定供給を図るためには、発電設備と送電設備の一体的な整備・運用が求められる」とエネルギー問題調査委員会・電気分科会の報告は述べているが、このような電力供給の特殊事情のもとに、競争原理を働かせるために、送配電部門の運用を公正かつ合理的、効率的に行なわねばならないという困難な条件があり、この監視、調整のために、中立機関は重要な役割を担っている。

中立機関（電力系統利用協議会）は自らの機能について次のように公表している。[8]

- ●ルールの策定（設備形式、系統アクセス、系統運用、情報開示）
- ●ルールの監視（紛争処理）
- ●系統情報の公開、中央給電連絡機能
- ●調査・研究、公報等

中立機関の理事、監事には大学、大手電力業界、ＰＰＳ、自家発電保有企業などから就任し、弁護士、公認会計士なども就任している。

中立機関はその業務を〇五年四月に開始するが、その活動がスムーズに進展することが期待されている。

8　電力自由化実施後の成果

日本の電力供給は販売電力量の約六三％が〇五年四月には自由化されている情勢であるほか、自家発電も増加している。

既述したとおり、大規模なオフィス・ビルなどに供給する業務用特別高圧については東京電力、関西電力において、二割ないし三割弱の需要家がＰＰＳなどへ離脱している。今後、大手電力、ＰＰＳ、限られた小地区で電力供給を行なう特定電気事業者、企業などによる自家発電をまじえて、シェア獲得の努力と成果がどのように進展するか、注目されるところである。

大手電力にとって、かりに顧客をＰＰＳなどに奪われ、或いは自家発電が増加しても、多くの場合は託送料金やアンシラリー・サービス、緊急時のバック・アップ、電力補給などに関わる料金は得ることができるが、発電面での収入が減少すると、大手電力の事業が縮小するという大きな危機を迎えることになりかねない。

会計上、送配電部門の中立性が確立し、料金の設定上、託送料金は大手電力にもＰＰＳにも同等にかかることになっているので、まさに、平等の立場での価格およびサービスの競争となる。

これまでの大手電力からの離脱件数と電力量については中部電力を除いて、約一六四万kw（契約量ベース）という〇四年十一月下旬の報道もあるが、[9]東京電力、関西電力の情況説明では、両社だけで約一九〇万kw以上の電力量が離脱していることが確実と見られる。このような数字を根拠にしている限りは、東京電力、関西電力両社で、全電力需要の二％程度の離脱と見られ、また、東北、北海道、北陸の各電力では離脱件数はゼロという報道もある。

「現段階では電力会社間をまたぐ競争及び電力会社同士の競争が行なわれていない。それはパンケーキ料金があるので、割高につくからだ。〇五年四月からパンケーキ料金の廃止で託送料金は送・配電する最後の電力会社にだけ支払われること、自由化対象が高圧全域に拡大し、電力量ベースで約六三％が競争領域に入ること、競争を助ける卸電力取引所の運営開始、中立機関による監視の開始などの新局面となるので、競争が本格化するだろう」と見なす専門家もいる。〇五年四月時点で東電の離脱需要は約一八〇万kwと報じられている。（電気新聞）

問題の電力会社間の競争について、これまでに東北電力管内での入札に、東京電力が参加し、東北電力及びＰＰＳと争ったことがあったが、二回とも東京電力は勝てなかった。〇五年四月以降、電力会社間の競争が活発化する可能性は十分にあり、電力会社同士で値下げ競争が続くことも考えられる。

競争については、電力会社は自由化の前から、自家発電及びコージェネレーションとの競争という形である程度は経験してきた。現時点で日本の電力供給の中で一三％程度は自家発電によると推定されている。自由化の実施により、電力各社は対抗上、値下げや長期契約への割引など種々の対抗措置を講じつつある。

また、電力・ガス間の顧客獲得競争が激化しつつあり、〇四年八月、東京ガスは業務用顧客を対象とする新たな選択約款料金メニューを発表した。この業務用オールガス割引契約は、既存の産業用時間帯別契約を結んでいる顧客のうち、給湯・厨房・空調すべてにガスを導入し、かつ、契約月平均使用量二五〇〇立方フィート以上という条件を満たす顧客が対象となる。

東京電力は〇四年二月に業務用オール電化割引メニューを新設し、さらに十月には平均五・二一％の値下げを行なったが、競争はますます激しくなることが予想される。

〇四年末ごろまで、PPS側は主として業務用特別高圧の顧客への供給を大型自家発の余剰電力を使って供給するなど恵まれた条件があった。今後は新規顧客の獲得は難航するという見方もあるが、半面、〇五年ごろからガス会社などによる大型電源が完成してくるので、競争はいよいよ本格化するとの観測もある。

なお、〇七年以降、自由化されないまま残っている小口電力、家庭用電力などの低圧需要の自由化について討議されるが、この供給種別は、諸外国の先例を見ても、PPSなど新規参入側にとって魅力がうすいのではないか、との見方をする関係者が少なくない。

他方、京都議定書の発効とともに、CO_2など温室効果ガスの削減の必要性が高まる点と電力自由化との関係をいかに調整すべきかという問題も残されている。

9　自由化が不成功となった外国の先例

アメリカとドイツで明らかに電力自由化実施の後に、電力不足が生じたり、電気料金が引き上げられたりした例が表われていることが注目される。

電力自由化が必ずしもうまく運ばぬ例としてドイツがあげられる。ドイツでは一九九八年に電力市場が全面自由化され、〇〇年までは料金値下げが実施され、大手電力会社間での値下げ競争が繰り広げられた。

しかし、大手電力会社間の合併が行なわれ、電力市場が寡占化しはじめた〇〇年を機に料金水準は底を打ち、その後、上昇の一途をたどっている。家庭用の電気料金は九八年の自由化直前とほぼ同じ水準にまで戻ってしまった。

電力自由化の失敗例として、アメリカのカリフォルニア州で二〇〇〇年夏と二〇〇〇年末から〇一年春にかけて二度にわたって停電などの電力危機が発生した件があげられる。

カリフォルニア州では一九九六年から電力の自由化に踏み切ったが、自由化の実施とともに、発電企業が投資に極めて慎重になって、発電設備が作られなくなり、電力供給力が不足して、特定地域、特定時間の計画停電が頻発した。カリフォルニア州政府が事態の収拾に乗り出して周辺地域から電力を購入するなどして停電の解消に乗り出したが、結果的に電気料金は従来よりも高騰した。

このケースは規制緩和によって市場原理構造が整うという前提がくずれたと判断された。

注

1 加納時男参院議員の資料による
2 電気新聞（04・7・5）
3 電気新聞（04・6・9）
4 原子力委員会「長計」資料
5 政経人（05・1月号）東電社長の談話による
6 注5に同じ
7 エネルギー調査会資料
8 中立機関の資料による
9 日刊工業新聞（04・11・25）

第五章
当面の現実的な環境対策――天然ガスの活用

1　期待が集まる天然ガスの利用

地球温暖化現象への懸念が高まる中で、かつ、エネルギー中で輸入石油への依存度が高いという日本にとっての懸念材料がある中にあって、最も現実的な対策として、天然ガスの積極的な導入が図られつつあり、当面、この傾向が強まりそうである。[1]

天然ガスも化石燃料の一種であり、いわゆる再生可能型エネルギーではないが、社会的にクリーンなエネルギーというイメージを持たれているという長所もある。

一次エネルギー段階で、日本では天然ガスによる供給は一一%程度で、アメリカ、イギリス、欧州の水準をかなり下まわっている。これは日本国内での天然ガスの生産が極めて少ないこと、外国からの天然ガスの輸入はＬＮＧ（液化天然ガス）によること、国内に幹線ガス・パイプラインが少ないことによると言える。

世界的に天然ガスはＲ／Ｐレシオ（資源量／年間生産量）が石油のそれよりも高く、資源的に石油よりも枯渇の懸念がうすい。また、近年、世界各地で天然ガスの新資源が発見されつつある。

さらに、天然ガスはエネルギー単価当たりの環境負荷が低いというメリットを有している。

また、これまで石油を使っていた産業などで、天然ガスによって代替することが可能なケースも多い。

難点は気体であるので、パイプラインが無い場合は輸送上、取扱いにくく、とくに日本の場合は国内に都

図5－1　天然ガスの確認可採埋蔵量　2001年

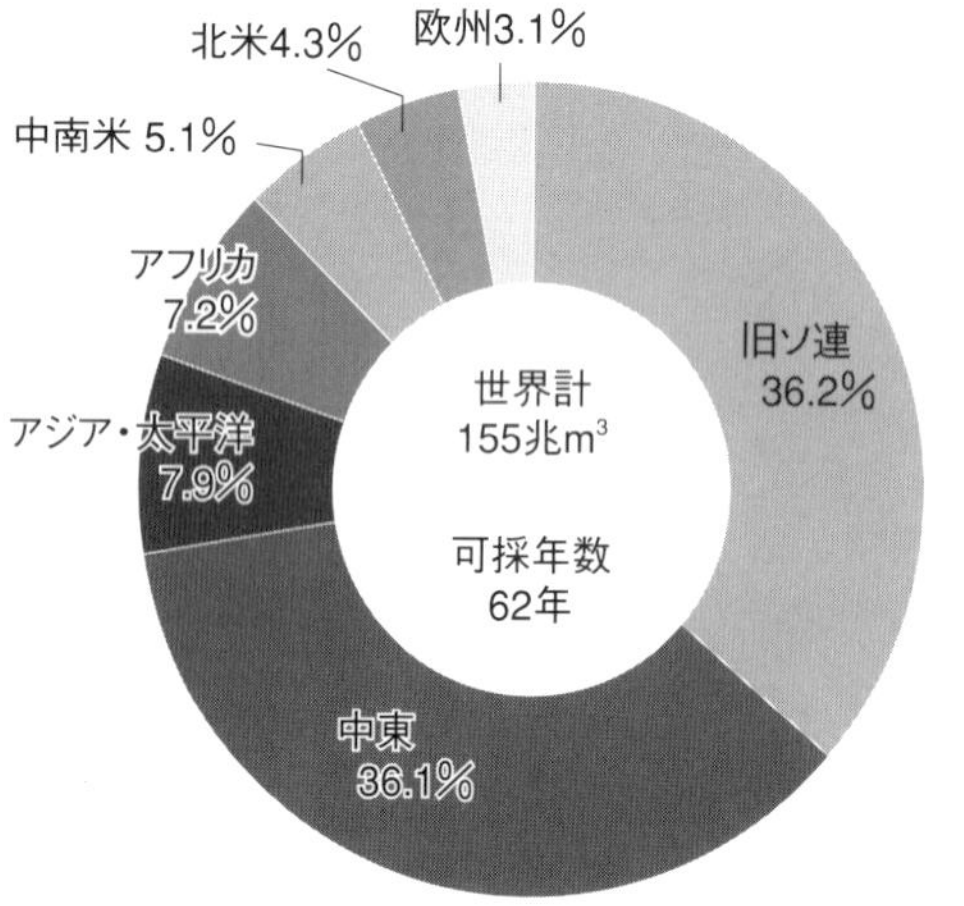

（出典:BP統計2002）

（経産省資源エネルギー庁資料）

図5－2　SOx・NOx・CO_2排出量の比較

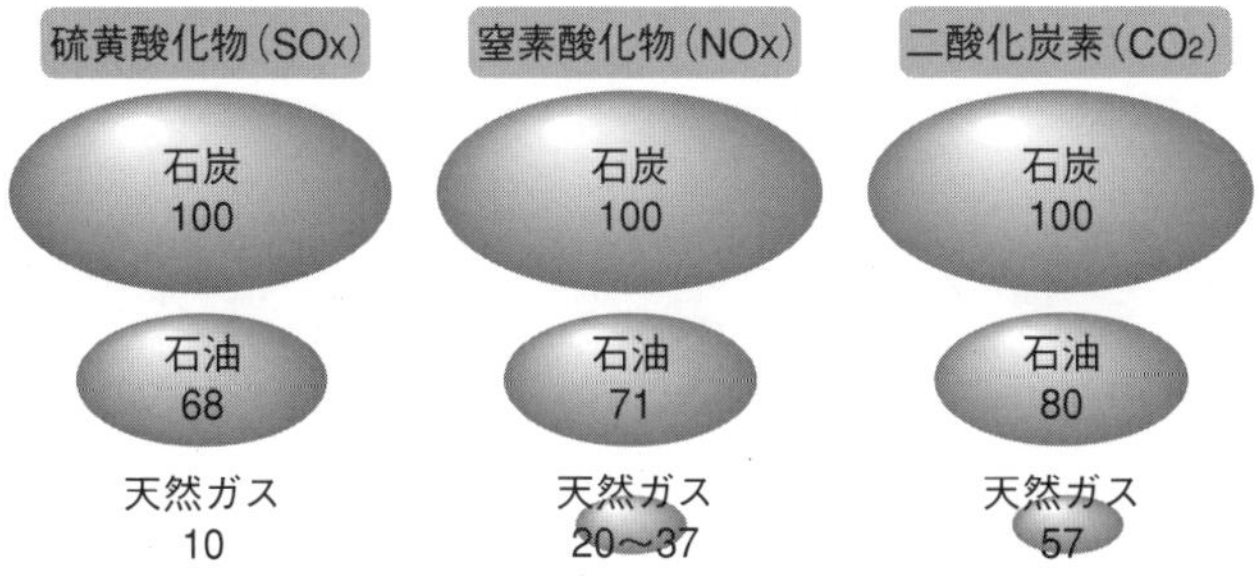

（注）単位発熱量あたりの排出量を石炭を100とした場合の割合
出所：「IEA : National Gas Prospects」

（経産省資源エネルギー庁資料）

市ガスのパイプラインはあるものの、天然ガスを長距離にわたって輸送する幹線パイプラインに乏しいこと、かつ、中東、アラスカ、インドネシアなどから天然ガスを輸送するには、ＬＮＧに転換しなければならないという点である。

◎天然ガスと比較したＣＯ$_2$排出量（石炭、石油との対比）

天然ガス　一（カロリー単位にしたＣＯ$_2$排出係数）
石炭　一・八三
石油　一・三九

新エネルギー、或いは水素エネルギーが大きな期待をこめて華々しく取り上げられても、実現性が確実ではなく、かなり遠い将来のこととされているものも多いとき、天然ガスの導入はエネルギー供給システムとして、早期に実現する可能性を有しているのだ。

〇四年時点の世界の天然ガスの確認埋蔵量が一五六兆立方メートルとされる一方、直近の世界の年間の需要は約二・四兆立方メートル、三〇年の世界の需要は五兆立方メートル程度とされ、十分な埋蔵量があると見てよいであろう。

しかし、当面は、石油価格の高騰とともに、アメリカの天然ガスについても価格の高騰が懸念され、また、需給も逼迫している。アメリカのFERC（連邦エネルギー規制委員会）では、〇四年末から〇五年にかけての冬期のアメリカの天然ガスの供給量が需要に対応できないことに懸念を示し、価格の高騰を予測している。背景にハリケーンの襲来によってメキシコ湾の天然ガス関連施設が損傷し、減産体制に入っていることが指摘されている。[2]

また、日本では現在、天然ガスの消費量の約七割は発電に用いられるが、発電に際してコンバインド・サイクル（combined cycle）方式で発電するため、熱効率が非常によく、環境面でも発電効率の面でも、天然ガスは有利と考えられる。残りの約三割は都市ガスに用いられ、産業用に使われる割合は僅かである。

天然ガスは石油を生産するときに随伴ガスとして出てくるものと、天然ガスだけが独立的に採取されるものとがある。

かつて、天然ガスは石油ほどは重要視されず、石油採取に随伴して出て来る天然ガスは、燃やして処理する例が多かったが、近年は随伴ガスも利用するケースが多くなった。

世界的に天然ガスの輸入量が多い国は、①アメリカ、②ドイツ、③日本となっている。天然ガス貿易の中で、パイプラインによる量は約三／四で、LNGによる量が約一／四であるが、LNGによる貿易量の約半分は日本による輸入であり、日本がLNG輸入の最多国となっている。

今後も日本のエネルギー供給の中で、石油が占める重要性は継続するだろう。しかし、石油への依存度を下げるとともに、環境問題、地球温暖化問題への対応の意味もあって、天然ガスが重要性を増すことだろう。天然ガスはすでに欧米、ロシアでエネルギー供給の上で大きな割合を占めており、アメリカ、欧州では遠距離の天然ガス・パイプラインが完成しており、広域にわたる天然ガスの輸出と輸入が見られている。

また、新エネルギーとして注目される水素利用による燃料電池のためにも、当面天然ガスを改質して水素を得る方法が最も実現しやすいとされている。

2　天然ガス社会への対応が遅れている日本

日本は、欧米諸国に比して、天然ガスの利用を拡大するような社会システムの点では遅れていると見なされている。

日本で消費されている天然ガスの九六ないし九七％は輸入に頼っており、国産は約三％に過ぎない。天然ガスは気体であり、日本ではパイプラインによる外国からの輸入は現時点ではゼロである。ヨーロッパ、ロシア、北アフリカは幹線パイプラインによってつながっているので、そのまま輸送できる。北アフリカから南部ヨーロッパへの輸送や、ロシアから東欧への輸送も行なわれてきた。日本への天然ガスの輸送は、天然ガスをマイナス一六〇℃程度の低温にして液化し、ＬＮＧとして、特殊な設備を持つＬＮＧ船によって日本まで輸送し、日本の受入れ施設で再び天然ガスに還元しなければならない。

◎天然ガスの活用策の推進　日本でも外国の天然ガスを、パイプラインを使って導入しようという計画がもちあがっている。

一つはサハリンの天然ガス資源をパイプラインによって、北海道西岸を経て、青森や東北地方の太平洋岸まで導入しようという計画であり、他はシベリアのバイカル湖近くのコビクチンスコエ・ガス田の資源を韓国に導入するためパイプラインを建設しようというもので、この計画が拡大すると、韓国から、さらに九州に延長するという案も検討されるだろう。

〇三年七月、大阪ガスと中部電力は、天然ガスの相互供給を目指して、共同でパイプラインを建設するための調査を始めると発表した。[3]

図5－3　日本の天然ガスの主要幹線パイプライン

（注4）　（電気新聞 04.7.16）

大阪ガスは、滋賀方面の供給力拡充のため、また中部電力は愛知県の川越火力などのためのLNGによるガス供給力の増強の必要性があるためと見られ、両社ともに有意義な供給計画の増強のための調査と見られている。

日本国内において天然ガス・パイプラインを増強し、天然ガスの販売量を増大させようという動きが目立っている。

天然ガス供給の大手である帝国石油は、二〇〇六年の天然ガス販売量を〇三年実績より約二五％多い一〇億立方メートルに拡大する計画をたてている。〇四年四月のガス事業法改正を受けて「ガス導管事業者」となり、関東圏での幹線パイプライン網整備に合わせて、都市ガス事業者への卸売り、大口顧客への小売りを着実に増やそうとしている。

このため従来の国産天然ガスに加えてLNGによる供給拡大も目指している。

3　世界的に活発化するLNG貿易――LNG船の建造ブーム

二〇〇三年夏、アメリカ国内で天然ガスの需要が高まる一方で、供給力不足の懸念が生じた結果、カナダからの幹線パイプラインでの輸入による供給力増加では対応できず、LNGによる輸入を計画する動きが強まってきた。

二〇〇三年当初ではアメリカの天然ガス供給の中でLNGが占める割合は二%以下であったが、天然ガスの需要の著しい増加とパイプラインによる供給能力の増加は期待薄という実情から、LNGへの期待が高まり、二〇一〇年にはLNGの比率は約一一%に上昇する、とケンブリッジ・エネルギー研究所では予測している。

このような情勢から、トリニダード・トバゴ（中米）、赤道ギニア（アフリカ）、カタール（中東）で採取される天然ガスをLNGにしてアメリカに輸出するプロジェクトが進行し、大手石油会社などが参加して実現を目指すことになった。

LNG貿易には、天然ガス生産地での資源開発のほか、積出しに際する液化施設、LNG運搬船の建造、受入れ地での気化施設への投資が必要で、企画から実現まで数年を要するのが一般的であるが、アメリカに限らず、世界各地での天然ガス需要の高まりによって、LNGによる輸送は増加するものと見られている。

天然ガスをLNGにして交易するケースが増加しており、LNG船の建造ブームがおこっている。日本エネルギー経済研究所の調べによると、世界中で〇二年一〇月末で稼働中のLNG船が一三三隻に比して、新規発注されているLNG船は約六〇隻あると伝えられる。[5]

背景として、世界的にLNG貿易が増加し、LNGでの貿易形態が固定型だけでなく、柔軟

表5－1　天然ガス上位生産国及び埋蔵量（2003）

産ガス国	生産量	埋蔵量
ロシア	20.7	1659
イラン	2.8	942
カタール	1.1	910
サウジアラビア	2.2	236
UAE	1.6	214
米国	19.6	185
ナイジェリア	0.7	176
アルジェリア	3	160
ベネズエラ	1	147

（注）単位は兆立方フィート
（出所）BP統計
（『週刊エコノミスト』05.1.25号より）

な取引も増えてきたので、スポット的な運用の要請が強くなり、ＬＮＧ船の必要度が高まってきたことがあげられている。

二〇〇三年、世界のＬＮＧ貿易は一二％拡大したが、中でもアメリカによるＬＮＧ輸入が著しく増加した。〇三年、アメリカ経済は約三％もの成長をとげ、エネルギー消費も石油は一・九％、石炭は二・六％増大した。天然ガス消費は、前年比四・九％減少したが、これを補うＬＮＧ輸入は著しく拡大し、対前年比約二・二倍となった。[6]

アメリカの天然ガスの国内消費は、〇二年の約二二・六兆立方フィートから、二〇二五年には二九・一〜三四・二兆立方フィートまで拡大すると見られている。アメリカ本土の四八州では天然ガス資源が減耗し、アラスカからの供給への依存が強まるとともに、中東、北アフリカ、インドネシア、オーストラリアからのLNGとしての輸入が今後増大することが予想されている。
LNG受入れ基地の建設計画が二八もつくられ、規制当局への許可申請を行なっている。

4　新しい天然ガス・ブーム

これまで世界的にLNGは長期固定的な取引がほとんどであり、LNG船も長期固定的な取引に対応する形で建造されることが多かったが、LNG取引が活発になり、取引形態、運航形態の変化により、契約に関係なく、LNG船を建造及び保有し、スポット的な取引に活用できるようにする動きが多く見られるようになった。[7]

このように、LNGが長期契約にとらわれず、適宜、LNG船を雇って、LNGの取引をする例が、瀬戸内海地方などで増加しつつある。

「二〇世紀が石油の時代なら、二一世紀は天然ガスの時代になる」という言葉がエネルギー関係者たちの間で語られている。

アメリカでは天然ガスの供給の約八五%を国産でまかなっているが、増大する天然ガス需要に対応するには海外からLNGによる輸入を増大させる必要にせまられている。天然ガスの輸入は主としてカナダからのパイプライン輸入に頼ってきたが、近年ＬＮＧによる輸入が増える傾向が強まっている。

米国の一州であるアラスカからの輸入に加えて、中東諸国、インドネシア、マレーシアなどから、ＬＮＧ船によって、アメリカの東海岸と西海岸へ輸送され、受入れ基地で気化される計画が目白押しと伝えられている。

5　天然ガスの新しい利用形態――ＧＴＬ、ＤＭＥ

アメリカなどで天然ガスを採取する際に、少量の石油に似た成分の液体状の物質が得られ、これをNatural Gas Liquid（ＮＧＬ）と呼んでいるが、ＧＴＬ（Gas to Liquid）といわれるプロセスは人工的に天然ガスから合成ガスを生成し、触媒反応により合成油をつくることを指している。

(1)　ＧＴＬ

ＧＴＬは硫黄分、芳香族が含まれておらず、環境面で優れており、燃焼特性も良いので、環境対策用の燃料になるものと期待されている。

〇三年末では、日本では、GTLが実用されている例はなく、外国では、南ア、マレーシアにおいて若干の実用例があるのみである。

しかしながら、環境面の配慮が大いに重んじられる現代なので、GTLには将来性があり、とくに燃料電池自動車の燃料として利用される見込みが高いとされている。

(2) DME(ディメチルエーテル)

DMEは天然ガスから合成ガスを生成し、メタノールを経て石油をつくるもので、環境上、好ましいエネルギーとされ、将来の利用拡大が期待されているものである。性状がLPGとよく似ていることから、すでに相当に流通しているLPGのインフラを利用して、DMEの利用の拡大をはかっていく可能性がある。

しかし、燃料としての利用の実績はなく、化粧品や塗料、農薬などのスプレー缶噴射剤として利用されているのが大半の用途である。燃料電池車が将来普及すればDMEの需要が急激に拡大する可能性もあり、DMEがクリーン・エネルギーとして大きく飛躍する日が来るかもしれない。

DMEは一般に天然ガスから製造するものとされているが、関西電力では火力発電所から排出されるCO_2からDMEを生み出すテスト・プラントを開発した。CO_2の六〇%程度をDMEに変換できるとされ、今後、事業性について検討を進めることになる。

6　海の幸か毒薬か？——海底の魔物、メタンハイドレート

メタンハイドレートは、海底に降りつもったマリーン・スノー（生物の死体など）から分解してできたメタンガスが、水分子に取りこまれたものである。

メタンハイドレートが成功裡に開発されれば、それは厖大な天然ガス資源を人類に提供し、エネルギー不足を解消するのに役立つが、他方、メタンハイドレートが大量に大気に放出されれば、人類の滅亡を招きかねないと懸念する声もあがっている。

メタンガスが大量に大気中に放出されると、いずれは水とCO_2とに変換される。大気中のCO_2濃度が〇・五％（現在は〇・〇三七％程度）にもなれば、人類は滅亡の危機に瀕する。〇・五％というCO_2濃度は労働衛生上の上限値とされているからだ。

メタンハイドレートが安定して存在するには低温・高圧の環境が必要で、温度０度では二三気圧以上、地表と同じ一気圧なら、温度は氷点下八〇℃まで下げなければならない。自然に存在するのはシベリアのような永久凍土層の下か、深い海底の下の地層である。

メタンハイドレートとは言わば燃える氷であり、海底に横たわるシャーベット状になった天

然ガスの塊である。

メタンハイドレートはメタンを含んだ白い氷状の物質で、その下層には自由ガス層と呼ばれる天然ガスの層があり、さらにその下には石油層が存在する例が多い。いわば、メタンハイドレートは海底にあっては、自由ガス層の上で氷のフタのような存在となっているケースが多いと推定される。

メタンハイドレートが崩壊すると、自由ガス層のガスを一気に噴出させて、シャンペンの栓を抜いた時のような暴噴がおこり、これが海上にも現われ、船舶や航空機をさえも沈没あるいは破壊させるのではないかと憶測されている。バーミューダ・トライアングルに代表される魔海伝説の原因はこのような、メタンハイドレートの暴噴によるのではないかと推測されている。

筆者は少年時代の約七年間を明石海峡の海べりで過ごしたので、個人的に海にまつわる伝説に興味を持っているが、昔からユーレイ船といって、船員が居なくなって漂流する船が現われるケースが伝えられている。そして、この原因は、海底から突然、沸き上がってくる熱水で船員が吹き飛ばされて、主なき船となって漂流するのだ、と伝えられていた。この伝説もメタンハイドレートの暴噴と判断すれば、一応、納得できるのである。

メタンハイドレートの埋蔵量は厖大なものとの研究結果が出され、炭素換算すれば全地球の石油、石炭、天然ガスなど化石燃料の資源の二倍になるとの試算もある。

危険性をはらむメタンハイドレートであるが、もしも、これをエネルギー資源として活用することができれば、とくに無資源国の日本にとってメリットは大きい。日本近海の海底に賦存するメタンハイドレートの推定埋蔵量は七・四兆立方メートルとされ、これは日本の現在の天然ガス消費量の約一〇〇年分にも相当するといわれている。そして、日本政府が今日、静岡県御前崎沖で試掘しており、二〇一六年に商業生産を行なうことを目指しているのである。

メタンハイドレートの開発には問題点も多い。穴を掘れば噴き出す石油や天然ガスと違い、利用するには掘った穴に湯を注入し、分解してメタンガスを取り出す必要がある。掘削から生産までの作業には高度な技術が必要とされる。[8]

また、メタンハイドレートが賦存している紀伊半島東南沖から四国南沖にかけての海底は南海トラフと言われ、東南海地震や南海地震がおこった海底であり、今後も大地震の発生が懸念される海域なので、メタンハイドレートを海底から取り出す作業が大地震の引き金になることを危惧する声もあがっている。

海底面下にある固体のメタンハイドレートを気体として地上に取り出す技術について、固体を溶かしてガス化するのが難しい上に、地球温暖化につながる温室効果があるメタンガスが海面上に漏出しないようにする必要もある。

なお、メタンハイドレートそのものはエネルギーとして利用するのは困難だが、メタンハイドレートができている地層の下に必ずガス田が存在する。その故、メタン・ハイドレートを見つけると、ガス田を見つけ得る点で価値があるという説を松井一秋氏が指摘している。

現段階では、メタンハイドレートが商業ベースにのるか、まだ全く不透明といえる。[9]

メタンハイドレートはこれまで日本列島の太平洋側の海底下には多く存在することがわかっていたが、〇四年夏になって、日本海側の新潟沖海底にも存在することがわかった。松本・東大教授らの研究調査によると、新潟県西部の上越市の沖合約三〇キロの地点で、調査海域の約四〇カ所で大量のメタンが海底から直径約一〇〇メートルの範囲にわたって噴出している様子を魚群探知機などで確認できたという。[10]

注

1 日刊工業新聞（05・1・27）
2 電気新聞（04・10・25）
3 産経新聞（03・7・25）
4 電気新聞（04・7・16）
5 電気新聞（03・9・18）
6 朝日新聞（03・10・4）
7 電気新聞（04・9・2）
8 毎日新聞（03・8・5）
9 中日新聞（04・1・20）
10 朝日新聞（04・8・5）

第六章
新エネルギーは発展するか？

1　新エネルギーへの期待の背景

風力、太陽光、太陽熱、バイオマス、潮力などの自然エネルギー或いは新エネルギーと称されるエネルギーが今や時代の脚光を浴びて、発展しそうな様相を見せている。

その背景として、地球温暖化が懸念される今日、新エネルギーは環境にやさしいエネルギー源と見なされること、化石燃料と異なって、renewable（再生可能）とされるように、枯渇の懸念がない点も高く評価されている。

新エネルギーを発展させようという日本政府の意向もあって、新エネルギーにはかなりの助成措置がとられているケースが多い。これらの助成措置がなくても経済的に成り立つかどうか、今後の発展ぶりを注意深く見守る必要があるだろう。

○四年六月、日本の経済産業省・資源エネルギー庁は三〇年に新エネルギー産業の規模が三兆円程度に高まるとの中長期ビジョンをまとめた。[1]

①新エネルギー全体で一〇年には一兆一〇〇〇億円規模の市場になると試算している。

②一〇年には新エネルギー全体で全エネルギー供給量の中で三%程度との目標値が示されている。

③このうち約三分の二は太陽光発電とされている。

④太陽光発電のコストは現在五〇円程度/kwhという高価なものであるが、三〇年には七円/kwhになることを想定している。

日本の風力発電は〇三年度までの国内規模が八〇三基で七三万kwとされ、〇四年度末までには一〇〇万kw程度の容量となると見られている。[2]

風力発電所を建設したり、そのため風況を調査したりする費用は地方自治体の場合は半分が、また民間の場合は三分の一が、国から援助されていたが、後に、補助率は削減された。

日本の新エネルギー導入の見通しとして、資源エネルギー庁は主力となりそうな燃料電池、バイオマス発電、風力発電、太陽光発電によって、一〇年には合計約一〇〇〇万kw、そして三〇年には一億kw程度を見込んでいる。なお、〇四年時点の日本の発電総容量は自家発を含み、二億六八〇〇万kw程度である。二〇三〇年には太陽光発電が八〇〇〇万kw程度、燃料電池は六〇〇〇万kw程度という目標値が定められている。[3]

また経済産業省は、支援策を実施することで太陽光、風力、バイオマスの三分野の市場規模は、〇三年の四五〇〇億円程度から三〇年には三兆円程度になると見込んでいる。[4]

◎新エネルギー予算削減へ　経済産業省・資源エネルギー庁は〇五年度の新エネルギー関連予算を〇四年度比二〇%削減する方針を固めた。同時に住宅用太陽光発電の導入支援事業を〇五年度で打ち切る。住宅用太陽光発電導入促進対策費は二〇〇五年には五三億円から二六億円に半減するが、これはメーカーのコスト削減努力で低価格化が進んでおり、支援の意義がうすれたと判断したもの。〇五年一月、補助率は原則として一割削減する方針が示された。

但し、その一方で工場やビルなどに法人が設置する太陽光発電への支援や先進的なバイオマス発電事業を行なう地域のモデル事業を支援する制度を作るなど、支援を積極化する面も見られている。[5]

◎バイオマス　バイオマスは生ゴミ、下水の汚泥、農林産物の残余、家畜の糞尿など、動植物に由来する有機物資源を活用してエネルギー資源として用いようとするもので、循環型社会を構築し、今日よりも環境に優しいエネルギー確保の道をつくろうとする概念といえよう。

二〇〇二年一二月、政府は「バイオマス・ニッポン総合戦略」を閣議決定し、地球温暖化の防止、循環型社会の建設、国際競争力のある新たな戦略的産業を創ることを目指すこととした。

バイオマスは新エネルギーという範囲に入れられているケースが多いが、例えば、日本の江戸時代は当時としてはうまく考えられた循環型資源利用の社会で、バイオマスの要素もあり、現代の日本の社会が見習うべき点も多いようだ。しかし、ある意味では、化石燃料時代より前の時代に逆もどりすることがバイオマス利用の目標となっている面がある。

バイオマス型循環社会の構築を目指すことは望ましいことであろうが、経済性はどうであろうか。また、現行の環境・エネルギー関連の法制でバイオマスの育成を制約する面が少なくないと言われているが、この点で整合性をとることも要請されている。[6]

◎マイクロ水力の開発に努力　経済産業省・資源エネルギー庁は〇四年八月、上水道や農業用水、工業用水などでの水流落差を使ったマイクロ水力についての全国調査を実施することを明らかにした。マイクロ水力発電は既存水路の落差を使い、小型タービンを回して発電するシステムで落差わずか二メートルでの発電が可能で、出力は最大でも二〇〇kw程度とされている。

なお、近年、日本では家庭での電化が進み、一つの家屋での電気供給のためには三kw程度の電気容量が必要とされているので、二〇〇kwの電力供給で概算約六六戸の家庭用電力をまかなうことができる。

マイクロ水力や太陽光のような小規模で、身の回りの電気を供給する分散型の新エネルギーも、それなりの役割りが期待される時代が訪れつつある。[7]

2 RPS法について

〇三年四月、電気事業者による新エネルギー等の利用に関する特別措置法（RPS法＝Renewables Portfolio Standard法）が施行され、電力一〇社は〇三年度は販売電力量の約〇・三九％以上を新エネルギーによる発電でまかなうこと、かつ一〇年度には一・三五％以上を新エネルギーによる発電とすることが義務づけられた。

この法律の施行をふまえて総合資源エネルギー調査会は具体的な新エネルギー導入目標について審議してきたが、一〇年度時点での導入目標は太陽光発電が四八二万kw、天然ガス・コージェネレーション四六四万kw、廃棄物発電四一七万kw、風力発電三〇〇万kw、燃料電池二二〇万kwとなっている。

RPS法では電力会社と特定規模電気事業者（PPS）が対象となるが、新エネルギーによる供給義務量は実質的にほとんど電力会社が義務を負うことになる。

ＰＰＳや個人住宅などからの購入について、「電気の価値」と「環境の価値」に分けられるが、現状では電力会社がさしたる困難もなく新エネルギーによる発電義務量をクリアできているので、「環境の価値」は値がついていない。

一般にＲＰＳ制度とは、小売りを行なっている電力会社に対して政府が毎年一定割合以上の電気を再生可能エネルギーから購入するよう義務付ける「クォータ（割当て）制度」と、再生可能エネルギーからの電気を証書化して取引に活用するという「証書取引制度」が組み合わされたものである。電力会社は目標達成の義務に対して、①自ら発電する、②証書＋電力を購入する、そして③証書のみ購入する、という三つの選択肢を有することになる。

〇四年六月ごろになって、〇三年度についての電力会社の発電実績が判明したが、全電力会社が販売電力の〇・三五％以上を新エネルギーでまかなうというＲＰＳ法の基準に合格した。

例えば、東京電力の場合、ゴミ発電が増えたことに加えて、風力、小水力も貢献し、太陽光発電も住宅の設備認定が三万件を越えたことなどから、ＲＰＳ法の基準に合格した。ちなみに東京電力の〇三年度の販売電力量は約二八〇〇億kwhで、ＲＰＳの義務量は九億九〇〇〇万kwhであった。今後、義務量の割合が増えていくので、電力会社は新エネルギーによる発電会社などから買電する必要が生じてくるケースが現れる可能性があるが、その場合は電気の価値のほかに環境の価値をはらう必要がある。

日本の電力業界は、ある程度の風力発電の受入れを承認し、或いは自ら風力発電を建設するなど計画しているが、風力は必要とする時に応じた発電が不可能なので、風力の受入れに上限を設けようとしている。

〇三年四月、RPS法の施行後は、電力会社が風力発電会社からの購入を環境価値と三円／kwhとされる購入電気単価とに分類し、環境価値の単価の上限を一一円／kwhとすることになった。従って、環境価値単価の部分の価格は電力会社と風力発電側との交渉によって、価格が左右される傾向が強まることになる。(上限は一一円／kwh)。

なお、〇五年三月に、電力による新エネルギーの発電割合の義務量を増やそうという動きが表われてきた。

3　太陽光発電のコスト削減を目指す

現在の太陽光発電のシステムをつくるシリコン系太陽電池のコストは、一kwh当たり五〇円台であるが、二〇一〇年には二三円／kwhへの引下げを目指す。さらに二〇三〇年には七円／kwhと一般の電気料金と同程度の低コストを目指すため、資源エネルギー庁では〇五年度から五年間で薄膜化と高効率化を追求した新しい製造ラインを立ち上げ、実用化を加速する支援を打ち出すこととしている。

こうして、三〇年の新エネルギー市場の三兆円の規模の約三分の二は太陽光で占めることが想定されている。[8]

太陽光発電は〇三年末で世界の導入量は約一八一万kwとなっており、日本はその約半分程度である。〇四年には世界の生産規模は約一〇〇万kwで、日本では五〇万kw程度の生産となるだろう。そして二〇三〇年には日本での全電力量の約一〇%が太陽光発電でまかなわれ、一kwh当たりの発電コストは約七円となるだろうと、NEDO（新エネルギー・産業技術総合開発機構）では推定している。

国からの太陽光発電への補助が〇五年度で打切りとなり、電力業界が二三円／kwh程度で買い取る制度がその後も維持できるかどうか注目されている。

◎太陽電池メーカー、生産能力拡大を目指す　〇四年八月、太陽電池（太陽光発電システム）メーカー大手各社は、欧米などで工場を建設するなど、生産能力の拡大を目指す方針を発表している。メーカーで世界首位のシャープは、米英での組立て工場の能力を現在の二倍の八万kwに増やす。京セラは現在の生産能力は一二万kwであるが、メキシコ、チェコでの工場の生産能力の拡大に向けて新設工事を行なう。また、三菱電機は〇六年をメドに、国内生産能力を現在の約二・五倍の二三万kwに引き上げる。

太陽電池の生産と販売について、各社は住宅向けに国が補助金を出す国内販売に力を入れてきた。〇五年度いっぱいで補助金が打ち切られるため、今後は需要の伸びが鈍化する見込みで、一方、海外ではEU、ドイツなどが官による支援策を強化する方向性であるため、需要の増加が期待されている。

4 風力発電の見通し

世界の風力発電の容量については、統計によってかなり相違がある。近年、風力発電が急速に拡大しているので、正確な数字を把握するのが困難であるが、世界全体で〇二年末には三一一〇〇万kw以上の発電能力を持つと見られ、この規模は日本の関西電力のこれまでのピーク電力よりもやや少ない程度である。統計によっては、〇三年末で三九四三万kwに達しているという情報もある。

一九九五年から二〇〇一年にかけて、風力発電は年間約三二%のペースで増加しつづけてきた。最大の風力発電国はドイツで、〇三年六月時点で一二八三・六万kwの発電容量を持つという統計もあり、〇四年五月末の情報として、一五〇〇万kwと見なしている資料もある。[9]

風力発電の積極論者のレスター・ブラウン氏（アメリカ・地球政策研究所理事長）は、風力発電のコストは今や四セント／kwh程度に低下しており、風力がエネルギー供給の中で重要な役割を果たす日が来ると予測している。そして、安い風力発電で水素をつくって貯蔵していくシステムが地球経済のエネルギー部門の主軸をなすようになると期待している。

世界の風力発電の中で、ドイツが突出しており、世界一の風力発電国となっている。ドイツ国民が風力発電の推進を支持し、政府が風力発電にかなりの優遇措置をとっていることが背景にあるのだが、風力発電の規模が現状以上に拡大すれば電力の系統運用に支障が出て来ることが予想されるし、風力発電の拡大計画によってドイツの電力の実質コストは約三割高くなるとする指摘もある。高コストでも、また系統運用が困難になっても、風力発電を推進することを国民が支持しているのであろう。

ドイツの風力発電所は旧東ドイツ領内でバルト海に面した地域に多く設置されているが、これは旧東ドイツの地域の工業水準が低く、比較的取り組みやすい風力発電所の建設を推進している面があるという。筆者は共産主義体制下の東ドイツを何度か訪問し、西ドイツよりも経済的に見劣りすることを痛感していたが、今日もなお、ドイツでは旧東独地域の停滞が回復せず、ドイツ経済にとっての暗影となっているようだ。

◎日本の風力発電　日本の風力発電は〇三年末に七三万kwを越える発電容量となったが、日本政府の増設目標は二〇一〇年で三〇〇万kwであり、〇四年末には一〇〇万kw程度となり、〇六年度には一三一万kw程度の発電容量となる見通しである。

風力発電がどの程度拡大するかについて大きな影響力を持つのは、電力会社が風力発電をどの程度受け入れることが可能かどうかという点であるが、日本全体でほぼ二〇〇万kw程度までは受入れ可能との見通しという情勢にある。

日本国内の風力発電所として最も注目されているのは青森県の北端に位置する東北電力の竜飛崎風力発電所であるが、発電能力は約三三七五kwで、東北電力の算定コストによれば、二六・二～四四・一円／kwh程度と報告されている。

今日、ウィンド・ファームと呼ばれる多数の風車が集積した風力発電施設をつくる動きが各地で伝えられており、総出力一万～四万kwのウィンド・ファームの建設は一九九九年に北海道苫前町に建設されたのを手始めに、計画段階のものを含めると約二〇カ所ほど存在している。

一例として、三井物産系のベンチャー企業である「日本風力開発」が、愛知県渥美町の伊良湖岬に、風車二〇基、総出力三万kwのウィンドファームの建設を計画している。

全く順調に推移してきたかに見える日本の風力発電建設ムードであるが、〇二年一一月、風力発電の最有力地域とされる北海道で、北海道電力が現状では受入れは二五万kwが限度との見解を示したことで、暗いカゲもあることが明るみに出ている。

風力発電は風の強弱によって発電量が大きく変化する。このため、電力会社は火力発電所の出力を調整して送電網に流れる電気の量が一定になるように、火力発電の出力を調整しなければならない。

風力発電機は、風力が弱過ぎる時は、技術的に送電が困難なので、通常、電気をバッテリーに蓄電してから送電するが、このバッテリーを定期的に交換する費用もかかる。

なお、風力発電のための送電線建設費用の負担方法については、RPS法施行（〇三年四月）後三年間に協議して結論を出すという方向性が、経済産業省の諮問機関によって示されている。

今後の風力発電の拡大にとって不利となる要因は、風力発電所から電力会社の既存の送・配電系統へ送電する送電線の建設費用がかかるために、電力会社が風力発電所からの買電に難色を示すことがあげられる。例えば、風力発電所が多い北海道で電力会社が難色を示しているように、風力発電所は発電量が不安定なので、風力発電の量が増えると電力会社による系統運用が困難になることから、著しい増加は技術的に難しいのではないかと見なされる現実である。

風力発電のように、「風が吹かなければ発電できない」というような、のどかなタイプの発電方式は、自然エネルギーを愛する、牧歌的な国柄の土地でこそ、最も歓迎される面がある。日本のように、輸出競争にしのぎをけずり、安くて豊富で、安定して供給できる電源を好む人たちの割合が相当に高い国では、風力がそのシェアを拡大することが多くの国民に支持され続けることが困難な面もある。

しかし、時流に乗って風力発電の計画は各所で進んでいる。

Ｊパワー（電源開発）は豊田通商とともに風力発電事業会社を設立し、三河湾に面する愛知県田原市で、二〇〇〇kw×一一機で合計出力二・二万kwの風力発電所を建設して、〇五年三月から中部電力に卸売りする。

さらにＪパワーでは、福島県郡山市の布引高原に、出力二〇〇〇kw弱の風力発電機三〇台前後からなる、約六万kwの風力発電所を建設する予定である。

中部電力でも、風力発電所の建設計画を進めており、〇四年三月から愛知、三重、長野県内の三カ所を候補地として、一地点で一万～二万kw程度の発電規模を目指している。

風力発電機はこれまで一機の発電容量が二〇〇〇kw程度が最大とされていたが、世界の風車市場が二〇〇〇kw以上が主流となってきたことから、三菱重工では二四〇〇kwの風力発電機の製作に乗り出す。風力発電機の大型化は世界的な流れで、欧米では二〇〇〇～三〇〇〇kwのサイズの風力発電機がよく売れているという。[10]

◎風力発電―海上立地へ進む　日本の風力発電は内陸部から海岸線、そして洋上立地へと進むものと見られ、すでに北海道の瀬棚町で港の防波堤の近くの水域に出力六〇〇kwの風力発電機二基が完成した。しかし、フローティング工法の成否の見通しなど難問も多く、本格的に普及するのは早くても二〇一〇年以降と見られている。

◎風力に対する批判　風力発電はまさにファショナブルな（時流に乗った）発電方式としてもてはやされている観を呈しているが、「結構ずくめ」という大合唱のもとに、問題点を全く無視したまま、これの導入に突進することは避けねばならないだろう。風力など、いわゆる自然エネルギー利用のための手厚い助成措置のほか、理不尽で強制的とされがちな系統利用方策があると技術士の飯島昭彦氏は指摘している。同氏の主張によれば、風力と電力系統とが相性がよくない点は、①擬似交流、②常時出力が不安定、③周波数調整能力がない、④正規供給力に計上できない、などの諸点が明らかであるのに、風力参入サイドからは「(系統調整のために)低需要期の風力用に火力を作って欲しい」などの意見が出され、「風力の欠点は電力系統でカバーして！」というような要請は、電力供給の目的から見て本末転倒であると判断されるのである。

風力の無理な系統への参入が原因で「電力系統に取返しのつかない危険が生じたり、電力系統に電圧の乱高下が頻発する可能性はおおいにあり、無理な風力のシェアの拡大のために、国民全体のための電力系統の運用に禍根を残すことは絶対に避けねばならない」ことを、飯島氏の提言は示唆している。[11]

注

1 読売新聞(04・6・21)
2 日刊工業新聞(04・7・27)
3 日経新聞(04・10・28)
4 読売新聞(04・6・21)
5 日刊工業新聞(04・8・19)
6 毎日新聞(04・10・24)
7 毎日新聞(04・8・15)
8 日刊工業新聞(04・7・27)
9 日刊工業新聞(04・5・27)
10 日刊工業新聞(04・5・27)
11 電気新聞(04・7・29)

第七章
水素・燃料電池システムは発展するか

1　なぜ水素エネルギーか？

水素及びこれに関連する燃料電池の利用の機運が高まり、その具体化が進展している背景には、地球温暖化問題が真剣に論議され、CO_2など温室効果ガスを排出することの少ないエネルギー供給方式として、新しいシステムが期待されている状況がある。

水素は地球温暖化係数がゼロのエネルギーで、これを利用する燃料電池（FC＝fuel cell）は、水素とどこにでも存在する酸素（大気中に含有されている）とが化学反応することで、電気と熱と水が発生し、これがクリーンなエネルギーとして、例えば電気自動車の動力源としても、或いは家庭や店舗などの電源、熱源として利用されるメリットを有している。

将来のエネルギー供給を考えるとき、環境問題はこれまでよりもずっと比重を増してくることが考えられる。電気と水素とは共にそれ自体は温室効果ガスを発生しないエネルギーであり、かつ、電気と水素とは相互に変換できるわけで、電気と水素の生産を増強することが環境保護を実現しつつ、豊富なエネルギーの供給を実現する有力な手段だといえる。

水素をそのまま燃焼させることは効率的ではない。水素の体積単位当たりエネルギーは大きくなく、天然ガスの三分の一程度とされている。しかし、水素の利用は燃料電池によるコージェネレーション方式によってエネルギー効率が上がり、エネルギー生産単位当たりのCO_2発生量を減らすことができる。

自然界では、水素は単体として存在することは極めて稀なので、水素をつくるには、天然ガス、都市ガスなどから改質して水素を得るか、水を電気分解して水素を得る手段が最も有力である。

水素は圧縮すればコンパクトに貯蔵でき、必要なときにいつでも使えるので、風力、太陽光、太陽熱、バイオマス、地熱、小型水力、潮力といった人びとに身近な小規模な発電によって、随時、水の電気分解をすることで水素を貯蔵していくことができると、水素エネルギー積極論者は主張する。

そして、エネルギー関係者の間でも話題となった「水素エコノミー」という本の著者、ジェレミー・リフキンは、「個人が作り出す小規模なエネルギーを、ちょうどインターネットが世界をつないだように、網の目状に結び合って、エネルギー・ウェブ（エネルギーの網の目）というべき、交易の場をつくればよい」と主張するのである。[1]

現状では燃料電池の設備コストは一kw当たり五〇〇万円程度とされ、原子力発電やＬＮＧ発電の建設費よりも一〇倍以上も高価につく。しかし、関係者は、燃料電池も大量生産をするようになれば、現状の想定コストの一〇分の一程度に低減できるだろうと見ている。このようになれば、原発の建設コストとあまり相違がない費用で、燃料電池による発電が商業規模で実現する可能性が生じてくる。

風力、バイオマス、太陽熱など、脱炭素のクリーン・エネルギーによって発電が行なわれ、このようなクリーンな電力によって水の電気分解がなされて水素が得られる。水素は貯蔵し得る物質なので、貯蔵された水素は、今日ではアンモニア系化学肥料などを製造するための化学工業用の原料に用いられたり、有機物から食用油をつくるに際しての添加剤とされたり、アメリカなどに多い重質油を軽質油に転換するための化学剤として用いられている。また、ジェット・エンジンの燃料として水素を用いる試みもなされている。

しかし、水素が大量に生産できれば、燃料電池によって発電し、同時に発生する熱をも利用できるコージェネレーション方式によって、クリーンなエネルギー供給システムが可能になるという夢がある。

そして、水素エネルギー方式は小規模な住区を単位とする分散型電源となるので、水素エネルギー網（HEW:Hydrogen Energy Web）と称される、小型で、クリーンで、分散した発電設備を核とするエネルギーの供給と消費のグループが構成されていき、今日のような大型発電所から一方的に各地域に電力が供給される方式に代わって、需要家の多くも、風力、太陽熱などにより、余剰電力ができれば、逆に供給する主体としての役割を果たすというシステムに大転換する日が来る可能性が生じていると主張されている。

このような夢が実行に移されようと試みられている顕著な例が極北の小国で、自然エネルギーに富むアイスランドである。アイスランドでは水力、地熱など豊富な自然エネルギーの力で水素をつくり、水素を用いる燃料電池の発電で交通手段を運用することを目指し、三〇年～五〇年という長期的な目標として、すべてのエネルギーを水素の形にして供給するという遠大な計画を推進しつつある。

水素エネルギーの利用は今日、おおいに時流に乗っているようだ。水素エネルギー協会会長の太田健一郎氏は、「もともと資源のない日本は技術立国で生きていくしかない。水素エネルギーも燃料電池も、素材技術に優れ、自動車産業などに強みを持つ日本でこそ完成できる。人類の持続可能性を考えると、どんどん増え続けるエントロピー（熱）をどうやって地球外に捨てるかという大問題がある。カギは水の流れで、水はCO_2に比べて大量にあって、しかも早く流れている。

生活圏では水素をエネルギー源に使い、排出物である水に水蒸気の形で海洋などから熱を放出させる。かつ水素自体は太陽エネルギーを使って生成する」と語り、このような水素を用いる方式が人類の危機を救う道だと強調している。[2]

2　燃料電池の仕組み

燃料電池の原理は一般的に相当に知られているが、一応、復習しておくと次の通りになる。中学校ぐらいでの化学の実験で、水に電気を通すと水素と酸素とが発生することが示される。このプロセスを逆にするのが燃料電池の働きであり、水素と酸素とを化合させると、電気ができて、水もできるわけである。

水素と酸素は化合すると大きなエネルギーを出すが、燃料電池ではこのプロセスを二つに分けて、一方で水素を陽子と電子に分け、この電子を外部へ取り出し、電力（直流）として仕事

図7－1　燃料電池発電システムは4つの主装置で構成されている

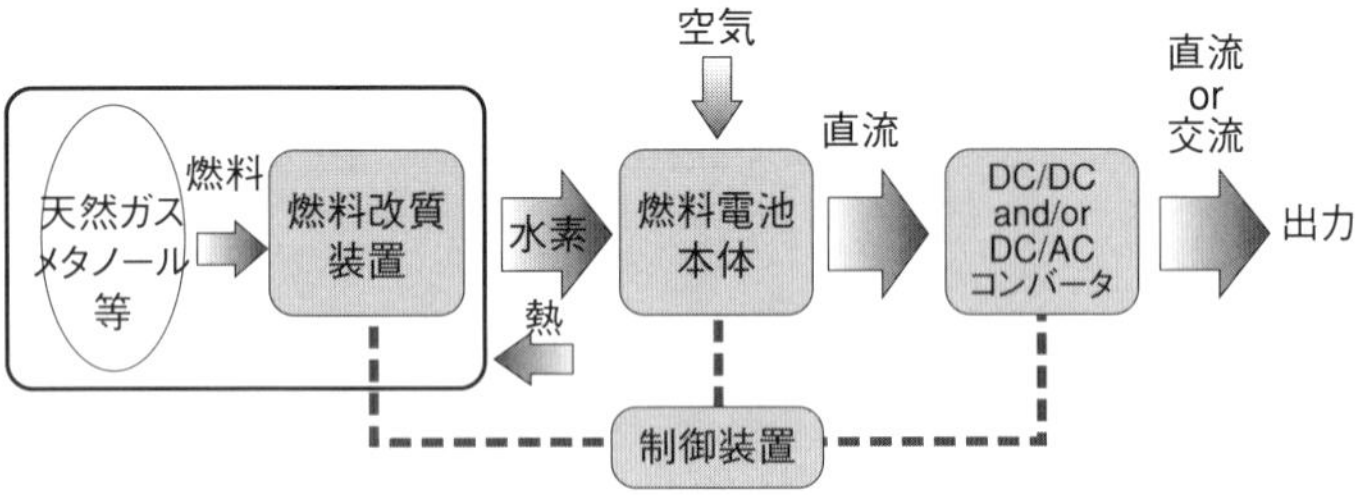

（三洋電機 作成／日本総合研究所 提供）

をさせる。もう一方で酸素と陽子を結びつけ、仕事の終った電子を受け取れば水ができる。この二つのプロセスをイオン交換膜によって分離し、陽子がイオン交換膜を通り抜けるようにする。このような働きをするのが燃料電池である。

3　燃料電池開発への努力

○四年八月、日本政府（経済産業省）は産業技術総合研究所に「燃料電池先端科学研究センター（仮称）」を設置し、若手研究者を集め、性能を大幅に向上させるための基礎研究に取り組む方針を示した。資源エネルギー庁では一連の施策を実現するため、○五年度燃料電池関連予算として、総額三三九億円を要求する方針である。○五年度に家庭用一kw級燃料電池の実用化に向けて、まず年間四○○台規模

図7－2　家庭用燃料電池の利用イメージ

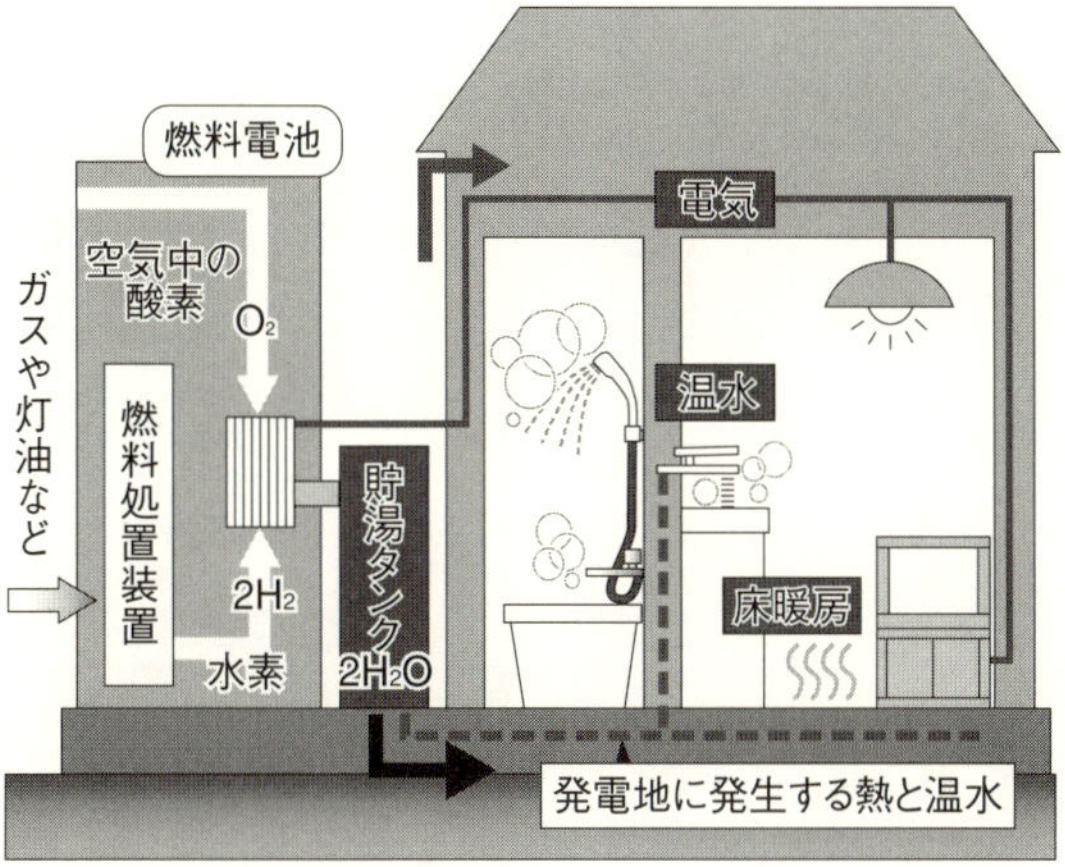

（共同通信社提供）

のモニター事業を立ち上げて、実用化を目指し、〇七年度には一kw級燃料電池のコストを一台一〇〇万円台とすることを目標としている。なお、現時点の一kw級燃料電池の製造コストは五〇〇～八〇〇万円程度と推定されている。[3]

〇三年八月末以降、東京の都心を走るバス路線に、燃料電池バスが試験的に運用されている。燃料電池の利用を推進しようとする動きは強まっている。

今後の見通しとして、日本では経済産業省の予測として二〇一〇年に燃料電池の市場規模は約一兆円、燃料電池自動車は約五万台で、全自動車に占める割合は約〇・〇七％、一方、家庭用燃料電池は約一二〇万台で、全家庭数の約二・四％に行きわたると想定されている。また、二〇二〇年には、燃料電池車は約五〇〇万台で全自動車の六・九%、家庭用燃料電池は約五七〇万台で、全家庭数の約一一・七%となり、市場規模は約八兆円に達すると想定されている。

燃料電池は排出物は水だけで環境負荷が少なく、幅広い分野のエネルギー源として巨大市場に発展する可能性があるが、現段階では問題点も多い。燃料電池の耐用年数はまだ実績にとぼしいので、未知の分野とも言われ、耐用年数が短いとコスト高と判断されかねない。燃料電池自動車のコストは現在は一台につき二〜三億円というオーダーで、現状ではとても一般向けの販売は無理で、今後、大量生産によってコストの引下げがどの程度実現するか明確な見通しが立っていない。しかし、普及の目標値は年々拡大する傾向にある。

東京ガスでは燃料電池を普及させるために、同社が固体高分子型の一kw級燃料電池を発売する二〇〇五年四月から、燃料電池を使う全家庭を対象にガス料金を割引する方針を発表している。

水素エネルギーの時代へと本格的に進展させるためには今後の水素需要の動向を見きわめること、パイプライン、タンクローリーなど、水素インフラの整備をはかること、水素の取扱いに関する安全規制の見直しをはかることが必要となってくる。

◎燃料電池でつくる新エネルギー特区　茨城県つくば市では〇二年二月に地域新エネルギービ

ジョンを策定して新エネルギーの普及につとめてきたが、〇三年九月、「つくば市新エネルギー特区」として、政府の構造改革特区の認定を受けた。[4]燃料電池など新エネルギーを特徴とする新しい街づくりを推進する予定で、特区としての街づくりのために、電気事業法上の家庭用燃料電池の設置規制を一部緩和する。燃料電池については家庭用、事業用あわせて、二〇一〇年度までに一万kw程度を普及させることを目標としている。

一方、三重県は四日市コンビナートの経済特区で、法規制緩和を視野に入れた家庭用燃料電池の実用化に向けた実証試験を実施し、燃料電池の普及へはずみをつけたいとしている。

4　水素をいかにつくるか

今日、世界でつくられる水素の半分近くは水蒸気改質法によって天然ガスからつくられている。反応器の中で天然ガスと水蒸気を反応させると、天然ガスから水素原子がはぎ取られ、副産物としてCO_2が残る。

当分はこの方法が水素製造の主流であろうが、水素エネルギー積極論者たちは、風力、太陽光などの自然エネルギーで発電して水を電気分解し、少しずつでも水素を蓄積していく方法が好ましいと強調している。

世界の水素生産の六〇％程度は化石燃料からの改質で、このうち天然ガスからの改質が八割以上を占めている。他の化学的プロセスの副産物として三六％程度つくられており、水の電気分解はコストが高く、四％程度しか行なわれていない。

なお、水素の製造方法として、注目されているのが原子力の高温ガス炉（ＨＴＧＲ）で、九〇〇℃程度の高温が得られる点を利用して水の直接熱分解によって水素を生産する方法である。

現在、水素製造の大まかなコスト比較として、水の電気分解一・五、化石燃料による改質一、高温ガス炉利用〇・九程度の比較ができると見なされている。

原子力から水素をつくる方法が注目され始めたが、その中には次のような方法がある。

●原子力発電＋水の電気分解（電解法）
●原子力発電＋高温水蒸気の電気分解（高温電解法）
●原子力熱＋水の熱化学的分解（熱化学法）
●化石燃料の水蒸気改質反応＋原子力熱（原子力加熱水蒸気改質法）[5]

5　家庭用燃料電池の見通し

燃料電池を使った家庭用コージェネレーション・システムを電機メーカーが一般家庭用に市販する動きを見せている。

例えば、松下電器産業では家庭用の燃料電池式コージェネレーション・システムを二〇〇五年三月をメドに発売すると発表した。予定価格は約一〇〇万円で標準的な家庭で、年間約五万円の光熱費が節約できると推定されている。

松下電産が開発した家庭用燃料電池は都市ガスから水素を取り出し、空気中の酸素と反応させて電気と熱を生み出す。松下製の試作機は発電能力が１kwで、一般的には、四人家族が使う電気容量の一／三をまかなえる。

廃熱を利用して約七〇℃の温水を給湯し、風呂や炊事用に使うことができる。

燃料電池は耐久性に課題があり、長時間利用すると出力電圧が低下する。耐久性を従来より一〇倍以上高めて、昼間だけ利用した場合で一〇年間保証できる水準を目指す。

家庭用燃料電池は実用化のための規制緩和が実施される〇五年春以降、東京ガスや大阪ガスが事業化する計画である。政府は新エネルギー政策として一〇年度に家庭用燃料電池で発電量一二〇万kw（ほぼ大型原子力発電所一基分の発電容量）の普及を目指している。

今後、家庭用燃料が広く普及するためには、コストの低下が必要となる。一般家庭で燃料電池を使うと、光熱費は年間四〜五万円程度、安くなるとの試算がある。それ故、売価は電気料金の節約によって数年でもとが取れる水準の五〇万円以下におさめる必要があるとされる。現段階では量産効果が期待できないので、家庭用燃料電池は一基当たり数百万円もかかりそうで、この点でコスト・ダウンを図らねば一般家庭への普及の拡大は期待できない。

経済産業省・資源エネルギー庁は〇五年度から家庭用の一kw燃料電池の実用化に向けて、年間四〇〇台規模のモニター事業をスタートさせ、三年間のモニター事業を通じて大量生産による値下げの実現を目指している。[6]

定置型燃料電池がどの程度の市場を獲得するかについて、富士経済という組織は〇二年の六億円から〇七年度には五〇〇億円にも拡大すると予測しているが、その理由としてガス会社や石油会社が導入を目指して活動しており、国の援助があることを挙げている。

矢野経済研究所では、家庭用燃料電池の二〇一〇年の市場規模が二六五〇億円程度になると予測している。

〇四年三月、資源エネルギー庁長官の私的研究会である「燃料電池実用化戦略研究会」では定置用燃料電池の今後の開発についてシナリオをつくり、〇五〜一〇年を導入期、一〇〜二〇年を普及期、二〇〜三〇年を本格普及期に分類し、一〇年には合計二二〇万kwの定置用燃料電池の導入を見込み、二〇年には一〇〇〇万kw、三〇年には一二五〇万kwの定置用燃料電池の導入を目標として想定している。[7]

〇四年秋の段階では、家庭用燃料電池の試作品は一台につき一〇〇〇万〜三〇〇〇万円程度とされているが、メーカー各社は大量生産体制をつくりあげて、一〇年ごろに一台五〇万円程度にすることを目標としている。

一方、政府の支援策がいつまで継続するか予断を許さぬ面もある。

◎分散型電源の普及　日本コージェネレーション・センターによると、二〇〇〇年度末で分散型電源の出力の総計は五四八万kwで、全国の発電設備の二%強を占めた。

経済産業省は一〇年度に分散型電源全体の出力合計は一〇〇〇万kwとなり、家庭向け燃料電池だけでも大型原発一基分の一二〇万kwに達すると試算している。

6　燃料電池自動車の実用化は成功するか？

〇二年一二月、日本の代表的自動車メーカーのトヨタ自動車とホンダは、世界でも初めてとされる市販の燃料電池自動車をリース方式で東京にある日本政府の官庁に納車し、小泉首相が試乗した。[8]

燃料電池車には、基本的に天然ガス、プロパンガスなどの補給を受けて、車上で水素に改質して、燃料電池システムで発電するオンボード改質方式と、そのプロセスを基地で行なって水素を生産し、自動車に圧縮水素を補給するサイト改質の方式があるが、現段階ではサイト改質の方が有力だと考えられている。改質器を自動車に積みこむオンボード方式は、自動車の重量を大きくするなどの不利な点があるからである。

反面、オンボード改質方式では、天然ガス、プロパンガスなどの燃料を受けるステーションが比較的多いので便利だが、サイト改質方式では水素の補給を受ける水素ステーションが今日では極めて限られているという難点がある。ガソリン・ステーションが数多く存在しているので、ガソリンからの改質が可能だと便利であるが、これは技術的に未発達である。

燃料電池車に圧縮水素を補給する水素ステーションを設置するためには多くの規制があり、この事情を規制緩和によって打開する方法が探求されている。

燃料電池車は環境にやさしいタイプの自動車の本命であるが、現状では水素を供給する施設の整備など課題が多く、本格的な商用化は早くても二〇一〇年以降と見られている。

但し、自動車メーカーは燃料電池車の開発にかける意欲は強く、〇三年一〇月、ゼネラル・モーターズ社のバーンズ副社長は、「一〇年までに燃料電池車の価格を既存のガソリン車とほぼ同等の水準に引き下げる」と語り、「一五年には燃料電池車はGMの総販売台数の一割程度になっている可能性もあり、五〇年には非常に支配的な地位を占めるだろう」と予測している。[9]

〇四年末ごろの状況では燃料電池車では、水素をつくるために、改質よりも水素そのものを自動車に積みこむ方が実用化に近い段階にあり、このため、水素ガスを高圧で圧縮して体積を減らすことで、一回の充填で走行し得る距離を長くする技術の開発が行なわれている。

現在は三五〇気圧までしか実用化されておらず、これでは一回の充填で三〇〇km程度しか走行できないが、七〇〇気圧まで高める研究は進んでいる。七〇〇気圧が実現すると、一回の充填で走行距離は二倍までは行かないが、相当、長い距離となる。

さらに、〇三年十二月、日本の神戸製鋼所は燃料電池用の水素ガスを最高約一〇〇〇気圧まで圧縮できる装置を開発したと発表した。

燃料電池車の技術面で問題とされる点の一つが低温環境下での走行性能である。日本のような比較的温暖な地域では実感を伴わないが、アメリカ合衆国の北部やカナダなどでは一般車でも冬の厳寒期の走行性能は問題にされやすい。

この点でも燃料電池車の性能の向上が伝えられており、〇三年十月にはホンダ車ではマイナス二〇℃程度でも始動が可能と発表された。

〇四年三月、経済産業省は二〇三〇年には、その時の国内の自動車の総数の約二割にあたる一五〇〇万台を燃料電池車にするなどの目標を決めた。

また、三〇年には家庭や事務所で使う定置型燃料電池については一二五〇万kw程度（ほぼ大型原子力発電一〇基分の発電容量）まで普及させるとの目標をかかげた。

7 水素エネルギーの発展に手放しの楽観は禁物

水素エネルギー、燃料電池への期待が大きくふくらむ中にあって、手放しの楽観をいさめる専門家の意見も聞かれる。

燃料電池の専門家である加藤尚志・東芝インターナショナル・フュエルセルズ社長は、次のように燃料電池及び水素エネルギーの未来について楽観は禁物と警告している。

以下に同氏の見解を紹介したい。(電気新聞による)

●燃料電池の中で最も大きな市場の見込める固体高分子型燃料電池（PEFC）が一般に普及しなければ、燃料電池がビジネスとして成り立つ日は来ない。しかし、実用品として普及するには技術的にも、社会制度面でも改良や変更が必要だ。

●燃料電池は化学反応が伴うので、必ず劣化する。これを克服するのが技術面での大きな課題のひとつだが、これ一つをとってみても、克服するには研究開発の長い経験が必要だ。

●現状では燃料コストが高く、現在の機器で、現在のガス価格では燃料電池の設備代金をゼロにしてもコスト・メリットは出ない。燃料電池がこれから伸びる技術だから、導入時には補助金をたくさん出して欲しい。

●現在の電力システムを一気に変えるとは考えられない。第一、今のところは環境とコストの両方で燃料電池は原子力発電にかなわない。しかし、燃料電池は環境に非常にやさしく、エネルギー効率もよい。地域によって、燃料電池を導入した方がよいという場所があると思う。

このような水素エネルギーの専門家による冷静な見通しも見られる。水素エネルギーの可能性については十分な調査と研究が必要であろう。

電力を使って水素をつくり、また、その水素で電力をつくるというのはプロセス上のロスではないかという素朴な疑問もある。

水素製造法の一つである「改質」というプロセスであるが、これには八五〇℃という高温が必要で、このような高温を得るためには相当に大きなエネルギーが必要であり、改質すれば、エネルギー価値の三割程度は失われるという見方もある。

水素型自動車で水素を入れるタンクは、現状では大き過ぎるのが難であり、三〇〇kmの走行距離の場合、一七〇リットル程度のタンクが必要とされ、これはガソリン車よりも三倍程度も大きいタンクを必要とすることになる。また、水素を吸蔵鉱の中に貯蔵する手段もあるが、吸蔵に使う金属が重過ぎるという問題がある。重量物の搭載をできるだけ避けたい自動車にあっては、大きなマイナスとなる。

水素の輸送には潜在的に爆発の危険性を伴うので、電気の形にして送電する方が安全上からもコスト上からも望ましいのではないかという意見もある。

水素を燃料として、燃料電池によって発電するよりも、ガソリンを燃焼させてエンジンを稼働させる現行プロセスの方が技術的に簡単である。

水素をつくるのは概して高コストで、白金を使う燃料電池が高いだけでなく、燃料である水素の供給・貯蔵システムに相当に割高なコストがかかるという見方が一般的である。

榎本聡明・前東京電力副社長は水素のより現実的な活用方法として、硫黄分の少ない高品質の原油の入手が困難になりつつあるとき、精製の過程で水素を加え、環境汚染の少ない石油を製造する手法が有望だと主張している。そのための水素は、原子力発電の夜間電力で水を電気分解するか、水をＨＴＧＲ（高温ガス炉）に引き入れて熱分解で取り出す手法を推奨している。

すでにアメリカでは、アメリカに多い高硫黄原油を精製するのに水素が用いられている。この榎本氏の提案はおおいに検討する価値があるといえよう。

新しい技術が採用されようとするとき、これに対する不安、懐疑論、批判が多く発せられることは通例である。飛行機が実用化されかけた頃に、「人類は空を飛ぶべきでない。これは神の教えだ」と主張した学者が存在した。また、約五〇年前ごろ、原子力発電が実用化され出したころ、いろいろな側面からの反対論が多く展開された。しかし、日本では今日、電力の約三五％が原子力発電で発電されている。

今日、「水素・燃料電池システム」は全く幻想に過ぎぬという解説も見られている。たしかに、その成功を危ぶむに足る否定的な要素は多いが、研究、実験の積み重ねがこれらの難問を克服し得るのか、まだ確信は得られていないというべき段階にあるように考えられる。

注

1　J．リフキン著「水素エコノミー」
2　日刊工業新聞（04・5・31）
3　日刊工業新聞（04・8・18）
4　電気新聞（03・9・19）
5　堀雅夫氏による資料
6　日刊工業（04・8・18）
7　電気新聞（04・3・12）
8　中日新聞（02・12・3）
9　毎日新聞（03・10・8）

第八章
日本の対応策はいかにあるべきか

1　エネルギー危機の正しい把握が必要

「石油価格が五五ドル／バレルを越えた」などと言って、エネルギー危機の再来を恐れる声があるが、この際危機の実態を正しく分析し、適切な対応策を検討する必要があることは当然である。

例えば、筆者がニューヨークに勤務していた時におこった一九七三年一〇月の第一次石油ショックであるが、あの時の世界各国での人びとのあわて方は今日、二〇〇四年末よりもひどかったと思う。ニューヨークではガソリン価格が上昇するとともに、翌年三月ごろまではガソリンの入手がやや困難になり、人びとは早朝からガソリンを売り出す予定のガソリン・ステーションの前で車列をつくったりした。

しかし、石油ショックが一応収束した後、専門家が統計を調べたところ、当時アメリカ全体として輸入量も含めて、石油の供給量は減っていなかったことがわかった。あの石油ショックは中東産油国が対イスラエル戦略としてアメリカ、日本などに対して禁輸措置を発動したことが原因だったが、当時のアメリカの湾岸諸国の石油への依存率が低かったうえに、対米禁輸措置が厳格に守られなかったのではないかと憶測された。

あのガソリン不足の大騒ぎも、結局は日本におけるトイレット・ペーパーが無くなるという騒ぎと同様だったと考えられる。

〇五年四月の国際石油価格の五八ドル／バレルという高騰は、まさに世界の石油の歴史にとって画期的であり、新たなエネルギー危機の到来を告げる現象なのかもしれない。しかし、今回の石油価格高騰の原因とされる国際的テロの危険性、イラクの石油生産の復興の遅れ、サウディ・アラビア国内の情勢の不安、アフリカの産油国ナイジェリアでの政情不安といった要素は解決し得ない性質のものではない。

今後の石油の需給については、中国、インドなどアジア各国での石油需給がどのように推移するか、世界的に将来、石油生産をどの程度維持、或いは拡大し得るかといった要素が重要でである。

最近、石井吉徳・富山国際大学教授はエネルギー・レヴュー誌（〇四年五月号）で「安くて豊かな石油時代が終る」と題して、永年にわたって論議されてきた世界の石油生産のピークが〇四年か今後一〇年以内におこり、その後、石油生産はゆるやかに減退していくという論文を発表して注目されている。[1]

同論文によれば、一九五六年、シェル石油の地球物理学者K・ハバートはアメリカの石油生産は一九七〇年ごろピークを打つと述べたが、その後、〇四年にいたる経過はハバートの予測が当たっていることを示すもので、石油研究者の間で有名なこのハバート・カーヴを応用したキャンプベルの予測によると、世界の石油生産のピークは〇四年で、その後は減退していく、と石井吉徳教授は論じている。

キャンプベルの説は、数ある石油資源の予測の中ではやや悲観論の部類に入ると見られ、楽観説によれば究極可採埋蔵量は二・六兆〜三兆バレルという説や四兆バレルという説もある。繰り返しになるが、究極可採埋蔵量のうち、すでに生産された資源は約九五〇〇億バレル（〇三年末時点）と見られるので、究極可採埋蔵量を三兆バレルとする説に従うならば、なお可採年数は七〇年程度ということになる。

〇三年末ごろでは、世界的に石油の供給力は十分にあり、大型タンカーの普及で輸送コストも安くなり、石油はもはや戦略的な物資ではなく、一般的な商品と同等に考えてよいという論調が多かったではないか。

僅か一年足らずの間にそれほど石油情勢は激変するのであろうか。

石井氏が指摘するように、いつかは石油生産のピークが来て、石油生産が減少していくことは予期せねばならない。しかし、筆者が記憶しているだけでも、一九六〇年ごろから、この石油ピーク接近の警告は何回も発せられてきた。

〇四年夏以降の石油価格の高騰は、中国、アメリカなどを主とする需要サイドの著しい増加と産油地帯でのテロ、政情不安に起因する部分も大きい。

石油資源の豊富さの点で、一、二位といわれるサウディ・アラビア、イラクにおいて、まだ開発されていない有望な油田が多いという情報、シベリア、カスピ海、アフリカ西岸、メキシコでも今後の探査により、有力な石油資源の開発が期待できそうだとの情報があることにも留意すべきであろう。

サウディ・アラビアの油田の中には、ガワールなど、石油生産の歴史が古い油田もあるが、決して生産が衰えているわけではない。最近、ガワール油田の南方に、いくつもの有望な石油資源が発見されたとの情報もある。

いずれにせよ、エネルギー情勢を冷静に判断し、将来を予測する態度が必要である。

2　節減、エネルギー少消費型社会を目指せ

人類社会のエネルギーの多消費が環境上のマイナスをもたらし、資源上の制約を受ける恐れが生じているとき、エネルギー消費を可能な限り節約することが望ましいことは当然である。エネルギー多消費社会の方が、一般的にエネルギー少消費の社会よりも人びとを幸福にするとは言えよう。しかし、それも程度の問題であり、エネルギーをつつましく消費して、幸福に生活を送ることは可能である。

筆者はニューヨークで九年間、オーストリアのウィーンで二年余り生活したが、アメリカ人たちの方がオーストリア人たちよりもエネルギーを多く消費することは明らかである。一方、オーストリアでは静かに走るウィーンの市街電車、緑でいっぱいの市の中心部をかこむ大通りなど、ニューヨークにはない魅力があることは事実である。

エネルギー多消費の国として取り上げられるアメリカである。石油は日本の約四倍程度使っており、その上、近年、天然ガスの消費が増えてきている。

厖大なアメリカの石油消費量であるが、その約半分はマイカーやバス、トラックなど輸送の

ために、ガソリン或いは航空機用のエンジン・オイルとして使われている。アメリカ生活の大きな特徴はマイカーをふんだんに使うことである。ニューヨーク市のマンハッタン区など、極めて例外的に人口が密集し、地下鉄など公共交通機関が発達している地区もあるが、他はマイカーがなければ極めて不便なのがアメリカ生活である。第二次世界大戦が終る頃までは鉄道、バスなどもかなり使われていたが、終戦後にアメリカ人の生活が豊かになり、州と州とを結ぶ州際ハイウェイの建設がさかんに行なわれ、マイカーのブームがおこり、基本的に今日まで続いている。しかも、アメリカではハイウェイが多いことなどから、快適性を求めて大きな自動車を選びがちな傾向がある。

輸送部門で使われる石油の量を、何とか少なくする工夫と努力が必要である。

IPCC（気候変動に関する政府間パネル）は今後の世界経済の発展パターンについて次のような六つのケースを想定している。

■IPCCが想定した世界発展パターン

①高成長／化石燃料型

市場メカニズムで世界中が経済成長し、技術革新も進む。途上国も急成長し、年間約三％の世界経済成長率が今後一〇〇年間続く。エネルギー分野では化石燃料をクリーンに利用する技術が発展する。

②高成長／非化石燃料型

①とほぼ同じだが、バイオマスや太陽光、風力など非化石エネルギー技術が発展。

③高成長／バランス型

①とほぼ同じだが、様々なエネルギー源をバランスよく使う技術が発展する。

④多元化

世界の政治経済がブロック化し、貿易や技術移転は制限される。地域間の所得格差は拡大、経済成長や技術革新は遅れ気味になる。

⑤持続発展型

地球環境の保全と地球規模の経済発展がバランスよく進む。リサイクルや環境保護に投資が集中し、環境産業が経済成長を支える。途上国には先端技術が移転され、公害対策が進む。

⑥地球共存型

地球環境問題の国際的解決よりも、国ごとの環境対策を重視する。経済発展は市場メカニズムにまかさず、政府が主導する。途上国への技術移転は二国間で進められる。

ＩＰＣＣの想定を基礎として日本政府（環境省）は今後の日本国の動向について四つのシナリオを提起している。[2]

図8－1　生活パターンの比較

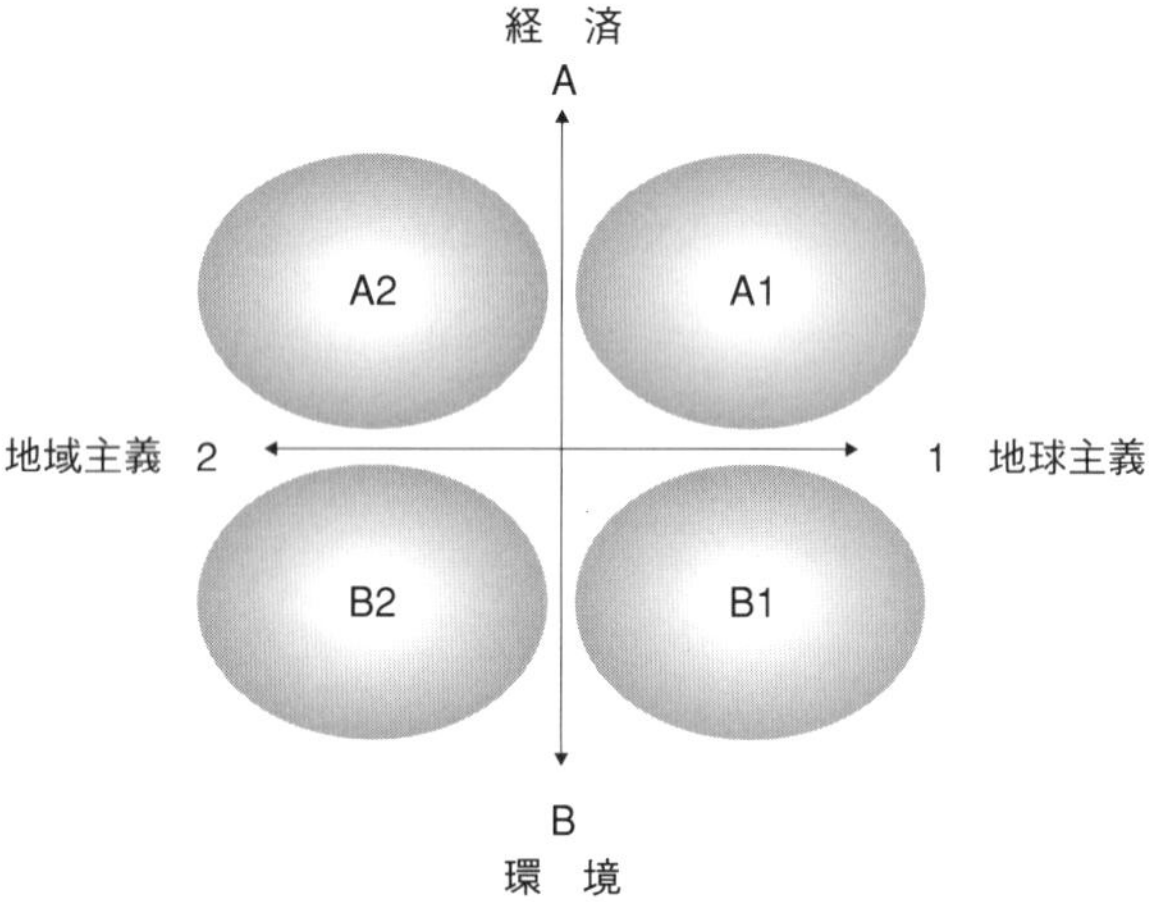

一次エネルギー消費量についての比較

A1	・2030年の一次エネルギー消費量は1990年比37％増となっている。 ・自由競争の中、比較的コストの安い石油・石炭が選択され、それらの消費量が増大していく。両者を合計したシェアは現状の66％から2030年には73％へと増大する。
A2	・2030年の一次エネルギー消費量は1990年比21％増となっている。 ・石油火力の発電の新設を行わないため、石油のシェアが減少し、代わりに石炭のシェアが拡大しているが、概ね現状のシェアを維持しながら推移していく。
B1	・2030年の一次エネルギー消費量は1990年比12％増となっている。 ・民生用燃料電池の普及と天然ガス火力発電の増加によって、天然ガスの消費量が増大している。
B2	・2030年の一次エネルギー消費量は1990年比2％増となっている。 ・B1ほどではないが、同様の理由から天然ガスの消費量が増大している。 ・また、バイオマスの利用から新エネ等のシェアが拡大している。

（環境省資料）

四つの生活パターンとそのアイデアについて、論者の主観によって、A1、A2、B1、B2のいずれに重点を置いて将来の構図を描くべきか、考え方によって相違したパターンがつくられる。

将来のエネルギー不足を回避するためにも、長期的にはB1、B2のシナリオが望ましいと判断すべきであろう。

3 石油、天然ガスの確保にも努力せよ

今日の世界のエネルギー消費の中で主力である石油、これに続く天然ガス、石炭については、化石燃料であり、地球温暖化防止の見地から、なるべく消費を抑制する方がよいことは肯定できるが、何分にも今日の人類社会のエネルギーを支える主力であり、まだまだ、その供給を充実させることは人類社会のために有益である。

石油、天然ガスの時代は少なくともあと五〇年間は継続するであろうし、二〇三〇年時点の世界のエネルギー需給の想定を見ても、今日より石油、天然ガスの消費量が二〜三割程度増大していなければ、エネルギー供給力が不足すると予測されている。

この石油、天然ガスの供給力を増加させる地域は中東、特にペルシア湾岸地域であろうが、一九六〇年代後半から今日までの石油資源探査と開発の歴史を見ると、アラスカ北岸、北海油田、カスピ海東北部など、それまであまり注目されていなかった地域で相当大きな量の原油、天然ガスの資源が見つかった例もある。

日本にとっても、今日、エネルギー源の約八割を石油、天然ガス、石炭に依存し、とくに石油、天然ガスは最も扱いやすく、多方面に用いやすいエネルギー源であるので、これらエネルギー源の確保に万全を期さねばならないであろう。

4　当面有力な天然ガス、原子力発電

前章でも取り上げたが、エネルギー供給と環境の保全を両立させる方向性で、かつ実現性が高いのが天然ガスと原子力発電で、当面、この二つのエネルギーに頼る可能性も高い。

石油、天然ガスの代替燃料として有力なのは原子力発電と石炭の活用であるが、石炭については環境上の問題点が多いので、原子力発電に期待する意見が多いのは理解できる。

原子力発電にはなお問題点も多いことは第四章で論じたとおりであるが、約五〇年近い研究、

開発、実用の経験があり、潜在的にも大きな発展性を有するエネルギーである。

ウラン資源については、高コストで良ければ、海水からウランは採取できる可能性がある。ウランを軽水炉だけでなく、増殖炉、新型転換炉などウラン資源をより有効に使う原子炉で用いるとともに、再処理—増殖炉路線で使えば消費効率は高まる。原子力によってふんだんに電力が得られれば、今日、世界中で人びとに愛用されている自動車も、ガソリンや天然ガスによってではなく、電気ででも動かし得ることは証明ずみである。

新エネルギーにはまだ海のものとも山のものとも分からぬものが多く、原子力発電がより現実的な選択であることは間違いない。

5　厖大な石炭資源の活用を考えよう

日本では、かつて、エネルギーの主力をなすほど、石炭を生産していたが、日本の炭鉱の採炭条件は悪く、今日石炭生産は実質的にゼロ（記念のため、一部の炭鉱を保存している）で、必要な石炭の全てを海外から輸入している実情である。

世界的に石炭の生産量は増加しており、一九七四年には二二億トン／年程度であったが、〇一年には約三七億トン／年の生産となっている。

アメリカでの石炭の確認埋蔵量をカロリー単位で石油の確認埋蔵量と比較すると、一五倍も石炭の方が大きいと言われている。また、世界の石油、天然ガス、石炭、ウラン（リサイクルせず利用）の資源のエネルギー総量のうち、約三分の二を石炭が占めるという試算があるほど、石炭の資源量は大きい。

筆者は一九八五年、アメリカのモンタナ州の露天掘りの現場を視察したが、まさに広大な貯炭場を見ているような感じで、大きなシャベル・カーで露出した石炭を運んでいくだけであり、当然、採炭コストは安いはずである。

一九七四年か七五年であったが、ワシントンで開かれた全米石炭協会の年次大会に出席したが、豪華なお祭り騒ぎという感じで、夕方にはごちそうがふんだんに提供されていた。

アメリカでは今日も発電の約五〇％は石炭火力に頼っており、石炭の役割は大きい。世界的に石炭の埋蔵量は大きく、確認可採埋蔵量は今日の年間消費量の約一六〇倍、不確実な埋蔵量を含めると今日の年間消費量の約二八〇倍に及ぶという資料もある。

このように、大きな資源量を持つ石炭であるが、環境上のデメリットが大きいことや輸送にコストがかかるという難点を持っている。

露天掘りの石炭の産地のモンタナ、ワイオミング州の石炭を東部のニューヨーク州あたりへ運ぶと価格が二倍以上になるといわれたほど輸送コストが高くつく。

さらに、石炭を燃焼するときの環境対策については日本はかなり進んでおり、最新の燃焼方法、脱硫装置が準備されているが、開発途上国の場合は未発達である。

また、石炭は体積当たりの発熱量が低いため、発電所など、石炭を利用する装置を大きくする必要がある。

もともと人類は産業革命の初期には石炭を使っていたのを、石油の方が公害対策、取扱いやすさ、効率などの点で秀れているからといって石炭から石油へと転換したのだが、石油が乏しくなったときには、石炭の復活もやむを得ないかもしれない。

6　種々の新エネルギーの開発見通しについて

石油、天然ガス、石炭などのような今日のエネルギー供給の主役たちが退いたとき、これに代って登場するのはどのようなエネルギーであろうか。

一応、これら新エネルギーについての現段階を考えておきたい。

［オイル・シェール］ 埋蔵量は厖大であるが、シェール（頁岩）の中から石油分を取り出すプ

ロセスにコストがかかり、大量の水を必要とするほか、シェールの後始末が難問である。

［タール・サンド］ オイル・シェールに似た問題点が多く、タールサンドから一バレルの石油を生産するのに三・三トンのタール・サンドと表土を処理する必要があるとされる。

［メタンハイドレート］ 昨今、注目されているが、海底に存するメタンガスの成分を有する氷状の固体で、取り出すコストが高くつきそうで、かつ、海底の地すべりによる地震の危険、メタン・ガスの暴噴が恐れられている。

［地熱］ 潜在的には大きな可能性を持つが、ごく特殊な場所で小規模にしか利用できない現状である。

［水素利用―燃料電池］ 水素をつくるのに費用がかかる上に水素は金属容器、パイプから漏洩する恐れがあり、金属を脆化させる危険性がある。燃料電池を広く流通させるためには全く新しい社会的インフラを構築せねばならない。水素社会が発展するかどうかは未知数といえるが、水素に寄せる期待は大きい。

［風力、太陽光］ 利用できる時間が不規則で、使いにくいエネルギー源であるが、技術的な困難さは少なく、ある程度は貢献できそうである。

総じて、新エネルギーがどの程度、利用を拡大できるかは不明確であるが、可能性についてはあくまで追求すべきである。

7　環境問題による人類の危機を避けよう！

極めて活発な人類の活動によって、自然環境が悪い影響を受ける例がいくつも報告されている。このような例は人類の良識によって是正されねばならない。

●人工物質フロンの多用によってオゾン層が破壊され、日光が人間に害を与えることが懸念されている。フロンが成層圏で紫外線によって分解され、塩素原子を放出するが、これがオゾン分子を破壊することがわかった。

フロンは生産と使用の禁止措置がとられ、代替品が開発されているが、このオゾン層破壊の問題は注意深く見守らねばならない。

●CO_2濃度の上昇

産業革命当時二八〇ppm程度であったCO_2濃度が〇四年には三七〇ppm以上となっており、CO_2濃度の上昇は健康面への影響も懸念されるほか、温暖化の原因の一つとも考えられている。

温暖化との因果関係が必ずしも明確でないが、〇四年に、日本では大型台風が数多く日本列島を直撃して、大きな被害をもたらしたが、アメリカ東部でも大型ハリケーンがしばしば東海岸を直撃した。筆者の経験から見て、アメリカ東海岸の諸州で大型ハリケーンが襲来するのは、それほど頻繁でないはずである。

気温が上がれば、台風がよく発生するのは自然な現象であり、温暖化の影響で台風が頻発しているのだと推察される。

●メタンの大気への放出に要注意

新しいエネルギー資源になることを期待されている海底のメタンハイドレートであるが、これが崩壊して海底から噴出し、大気中に拡散すると、メタンガスはCO_2の約四四倍もの温室効果係数を持っているので、地球温暖化をもたらす働きが大きいと懸念されている。

同様に温暖化と森林の伐採がシベリアの凍土で進んだ場合に、凍土がとけて、土壌内のメタンガスが大量に大気に拡散する危険性を指摘されている。

温暖化が進展すると、かつて一三、〇〇〇年ほど昔のヤンガードライアス期に発生した気象現象に似た急激な寒冷化がおこることが懸念されている。この一三、〇〇〇年ほど昔のヤンガードライアス期の寒冷化というのは、かなり一般的に知られているが、何らかの原因で急激な温暖化が進み、北大西洋、カナダ、グリーンランドなどの氷河、氷山が溶解し、大西洋北部の海水の塩分がうすくなった。そして暖流が北半球の海域を循環して、北半球北部の気候を寒冷化から防ぎ、温暖な気候を維持するという機能を果たせなくなって、大寒波が北半球を襲い、約一〇〇〇〇年間、寒冷期が続いて、両極に近い地域で多くの動物が死滅した事実である。寒冷化して温帯性の植物が無くなった地域にヤンガードライアスという花を持つ高山植物が咲き乱れたことが、地層分析で判明している。

そして、近年、温暖化とともに北大西洋の塩分濃度が目に見えて低下し、暖流の循環による北半球の保温機能が低下することが現実の問題として懸念されている。いまは温暖化が問題になっているが、温暖化が進むと、そのことが原因で寒冷化へと向かう危険性もあるのである。

このような環境問題に起因する人間生活への破滅的な影響は絶対に避けねばならない。日本を含む、いわゆる先進国での生活が極めて便利に、豊かになっていることは、とくに戦時中や終戦直後の日本社会を知る者が痛感するところであり、エネルギー消費を減らすために若干、生活のレベルを下げることは容認されると考えられるのである。

8　資源戦争の悲劇を避けよう！

第二次世界大戦を迎えるころ、「資源戦争」という言葉がよく使われた。石油、石炭、鉄鉱石など資源の奪い合いが原因で世界中で大戦争がおこるという予測をテーマにしていた。

この不吉な予言どおり、ナチ・ドイツの領土拡張政策による小規模な戦争、日本にも大きな誤ちがあった中国大陸における戦争に続いて、一九三九年からは、ヨーロッパで、一九四一年からはアジア・太平洋をも含めて、史上最悪の大戦争がおこり、枢軸側が崩壊した一九四五年まで、人類は戦争の惨禍を経験した。大戦の原因として、枢軸側の植民地再分割の要求もあったが、資源の獲得を目指す資源戦争の側面もあったと言える。

今日、第二次大戦が終ってから六十年が過ぎつつあるとき、再び資源戦争を恐れる声が聞こえてくる。

筆者は、石油生産がピークを迎えたとか、枯渇に向かいつつある、という見解には賛成しない。しかし、中国、アメリカなど、石油の輸入を必要とする国で、その輸入必要量が増えつつあるなど、世界的に石油の需要が増加しつつあるとき、中東産油国など石油を輸出する側が、うまく対応できるかどうかは多いに懸念されるところであろう。

二〇〇三年一〇月に発表された、アメリカ国防総省に近い筋で作成されたと推測される「気候変動と米国の国家安全保障への含意」と題するレポートは、新しいタイプの資源戦争がおこる可能性について警告している。

その内容は次の通りである。
① 温暖化による氷河の溶解、雨量の増大が原因で北大西洋の淡水化が進む。
② 淡水化の進行でメキシコ湾流（暖流）が流れなくなり、ヨーロッパの比較的温暖な気候が維持できなくなる。
③ ヨーロッパの年間気温は一〇年間に七・五℃も低下し、寒冷化し、乾燥し、現在のシベリアのような状態となり、土壌の崩壊が進み、食料不足が顕在化する。
④ この結果、人類は食糧、燃料などの資源を奪い合うことになり、紛争、戦争が続く悲惨な状態になる。
人類が第二次大戦を前にする頃に、十分に賢明だったら、資源の不足を補う科学技術の発展、農業技術の向上による食糧の増産などに努力を集中するとともに、国際協調を推進していたであろう。事実、そのような動きも皆無ではなかった。しかし、自国の利益のみ重視する力が強くなり過ぎて、未曽有の大戦争による大きな悲劇を味わった。

今日、エネルギー、資源、環境の面で、人類は曲がり角に立たされているように感じられる。人類の叡知と人類愛の精神によって、いま、対応策を講じるならば、資源戦争の発生を防ぎ、人類が引きつづき、今日なみの繁栄を続けていくことは決して不可能ではないであろう。

注

1　エネルギー・レヴュー誌（04・5）

2　IPCCが発表した資料

追記

本書は主として筆者の永年にわたる経験と研究、調査の結果をまとめたものですが、今般の出版にあたり、岡本浩一氏（元ＩＡＥＡ専門職員）、高橋文雄氏（環境総合テクノス社員）など、多くのかたがたにご教示いただいたことを感謝しています。

また、出版に際して協力して下さった南雲堂の南雲一範社長、原信雄の両氏に心から御礼申しあげます。

著者略歴
一本松　幹雄（いっぽんまつ・みきお）

1937（昭12）年、兵庫県生まれ。灘高、早稲田大学政経学部、コーネル大学大学院に学ぶ。国際原子力機関勤務、関西電力NY駐在員など、十一年間の海外生活を経験し、八十八ヵ国を訪問した国際通で、永年にわたり、エネルギー関係の調査、研究業務に従事している。現在、エネルギー関係の公益法人（研究機関）に勤務。エネルギー問題、国際事情などに関する著書、翻訳書多数。

地球温暖化とエネルギー戦略

2005年7月15日　1刷

著　者　一本松　幹雄

発行者　南雲一範
発行所　株式会社 南雲堂
〒162-0801　東京都新宿区山吹町361
電　話　03-3268-2384
F A X　03-3260-5425
振替口座　00160-6-46863
印刷所　壮光舎
製本所　長山製本

Printed in Japan　〈検印省略〉
乱丁・落丁本はご面倒ですが小社通販係宛にご送付下さい。
送料小社負担にてお取り替えいたします。
ISBN4-523-26453-8　C0036　〈1-453〉